U0606275

权属治理技术指南 8 号

公地权属权利治理

——支持《国家粮食安全范围内土地、渔业及森林权属负责任治理自愿准则》实施的指南

联合国粮食及农业组织　编著

徐　猛　译

中国农业出版社
联合国粮食及农业组织
2018·北京

02—CPP16/17

本出版物原版为英文，即 *Governing Tenure Rights to Commons：A guide to support the implementation of the Voluntary Guidelines on the Responsible Governance of Tenure of Land，Fisheries and Forests in the Context of National Food Security（Governance of Tenure Technical Guide 8）*，由联合国粮食及农业组织（粮农组织）于2016年出版。此中文翻译由农业部国际交流服务中心安排并对翻译的准确性及质量负全部责任。如有出入，应以英文原版为准。

本信息产品中使用的名称和介绍的材料，并不意味着粮农组织对任何国家、领地、城市、地区或其当局的法律或发展状态、或对其国界或边界的划分表示任何意见。提及具体的公司或厂商产品，无论是否含有专利，并不意味着这些公司或产品得到粮农组织的认可或推荐，优于未提及的其他类似公司或产品。

本出版物的编制得到了粮农组织和德国政府的财政支持。本出版物中陈述的观点是作者的观点，不一定反映粮农组织的观点或政策。

ISBN 978 - 92 - 5 - 109483 - 9（粮农组织）
ISBN 978 - 7 - 109 - 23719 - 3（中国农业出版社）

粮农组织信息产品可在其网站（www. fao. org/publications）获得并通过publications-sales@fao. org 购买。

联合国粮食及农业组织（FAO）中文出版计划丛书译审委员会

致　谢
ACKNOWLEDGEMENTS

　　这份关于公地权属权利治理的指南由多方参与制定，参与人员广泛，分别来自世界各地的民间团体、政府部门和科学界。本指南由可持续发展高级研究所的一个团队起草撰写，该团队由 Charlotte Beckh 领导，成员还包括 Elisa Gartner 和 Theo Rauch，并由 Jes Weigelt 和 Alexander Müller 提供指导。更早的书稿得益于 Isabelle Bleeser 所做的贡献。撰写团队向在本指南编写过程中贡献了时间、精力、知识和经验的所有个人致谢。

　　撰写团队感谢来自 FAO 的 Francesca Romano、Andrew Hilton 及 Paul Munro-Faure 持续提供的支持和建议。

　　撰写团队感谢为本书提供宝贵贡献的 7 个案例，它们展示了为保证公地权属权利所开展的令人振奋的工作。这些案例由 Liz Alden Wily、Ivar Bjørklund、Reymondo Caraan、Chheng Channy、John Kurien、Kuntum Melati、Bruno Mvondo 殿下、Samuel Nguiffo、Téodyl Nkuintchua Tchoudjen、Bounyadeth Phoungmala、Benno Pokorny、Warangkana Rattanarat、Jackie Sunde、MaungMuang Than、Sokchea Tol 及 Ronnakorn Triraganon 撰写。

　　撰写团队特别感谢本指南咨询委员会成员持续提供的支持和建议、在国际研讨会上做出的宝贵和重大贡献，以及对书稿的审阅和提出的评价意见。他们包括：Liz Alden Wily、Ben Cousins、Jonathan Davis、Jenny Franco、Shalmali Guttal、Svein Jentoft、Joan C. Kagwanja、John Kurien、Odame Larbi、Ruth Meinzen-Dick、Leticia Merino、Luca Miggiano、Roch L. Mongbo、Sofia Monsalve、Fred Nelson、Benno Pokorny、Maryam Rahmanian、Jenny Springer、Christopher Tanner、Michael Taylor 和 Andy White。

　　撰写团队还希望向下列个人致谢，感谢他们通过国际研讨会、访谈、私人通信、审阅及评价建议为本指南数个版本草案做出的宝贵和重大贡献：Marion Aberle、Safia Aggarwal、Taiguara Alencar、King-David Amoah、David Arach、Jana Arnold、StefaniaBattistelli、MillionBelay、TesfayeBeyene、LillianBruce、CarolinCallenius、Elisabetta Cangelosi、Reymondo Caraan、Alphajoh Cham、Kysseline Cherestal、Joseph Chiombola、Juan Pablo Chumacero、Myrna Kay Cunningham Kain、Bassiaka Dao、Rasna Dhakal、Martin Drago、Jorge Espinoza Santander、Edward Fatoma、Tim Fella、Andargachew Feyisa、Fiona Flintan、Birgit Gerhardus、Christian Graefen、Paolo Groppo、Gaoussou Gueye、Bernard Guri、Ariane Götz、Matthias Hack、Mafaniso Hara、Anita Hernig、Pedro Herrera、Tran Thi Hoa、Katherine Homewood、Ghati Horombe、Chantal Jacovetti、Paul Karanja、Rachael Knight、Massa Koné、Saydou Koudougou、Caroline Kruckow、Natalia Landivar、Harold Liversage、Jael Eli Makagon、Francesca Marzatico、Chala Megersa、Aurea Miclat-Teves、Bridget Mugambe、Hans-Peter Müller、Yefred Myenzi、Musa Usman Ndamba、Téodyl Nkuintchua Tchoudjen、Edson Nyingi、Shadrack Omondi、Hubert Ouedraogo、Henry Pacis、Sabine Pallas、David Palmer、Caroline Plançon、Neil Pullar、Claire Quenum、Jagdeesh Rao、Martin Remppis、Oscar Schmidt、Rodney Schmidt、Gladys Serwaa Adusah、Ramesh Sharma、Joseph Ole Simel、Fernando Songane、Mercedes Stickler、Jeremy Swift、Shailendra Tiwari、Margret Vidar、Lena Westlund、Laurence Wete Soh、Yonas Yimer 和 David Young。

该指南由 Tom Griffiths、Maryam Niamir-Fuller、Esther Obaikol、Sérgio Sauer 及 Michael Windfuhr 提供同行评审；由 Anne Boden 和 Damian Bohle 编辑。插图由 Uli H. Streckenbach 和 Robert Pohle 制作。版面设计由 Luca Feliziani 提供。

FAO 感谢德国联邦食品及农业部为指南的编写提供的资金支持。

本指南对做出贡献者的列举如有遗漏，纯属无意。

前 言
—— FOREWORD

　　《国家粮食安全范围内土地、渔业及森林权属负责任治理自愿准则》（FAO，2012，在本指南中简称为《准则》）于2012年由世界粮食安全委员会一致通过，而后得到广泛的国际承认和支持。其力量源于独特的包容性和参与式的制定过程。《准则》是软性法律文书，但同样深深根植于现行的国际人权法，列出了政府及非政府行动方在包括公地在内的土地、渔业及森林权属负责任治理方面的义务和责任。它为如何承认、保护及支持合法权属权利（包括个体及集体权属权利）以及依据习惯体系取得的权利提供了国际一致认可的指南。

　　在各种情况下，有保障的公地权属权利对于男性、女性、土著人民及当地社区至关重要，包括渔民、牧民、农民、无地者，以及其他脆弱、粮食不安全及边缘化群体。他们的基本福祉依赖于公地：获取食物、维持生计以及其文化和社会身份。《准则》为我们创造了一个为各国政府提供指导并进行问责的历史性机会，使之承担责任、履行义务，实行有保障的权属，保障公地权益合法拥有者的权益。

　　政府按照《准则》提供的指导和原则，可将国际社会一致同意的可持续发展各项目标转变为国家和地方的现实，以响应人民的生计需求，实现粮食安全和消除贫困，实现食物权、自我身份确认及自我决定，支持自然资源可持续利用以及资源的公平获取和控制，实现可持续社会和经济发展。《准则》承认广泛参与的关键作用，呼吁各国政府支持民间社会为推广《准则》中的原则所开展的活动。

　　这本关于"公地权属权利治理"的技术指南为积极实施《准则》

中提出的标准和建议提供了战略指导和方法建议，旨在承认和保护公地权属权利和以社区为基础的治理结构。本指南由可持续发展高级研究所起草，该所在跨学科方式基础上开展了对可持续发展及土地治理的研究，其目标旨在实现来自民间社会、政府及科学界的行动方共同创造知识，以便设计出可行的战略，实现负责任和可持续土地治理。根据这一方法和目标，本指南通过多方参与制定：由一个公地问题专家国际咨询委员会以及来自世界各地代表参加的一系列审议和磋商研讨会对相关战略建议进行审议。

缩略语
ABBREVIATION

CFi	社区渔业机构
CFS	世界粮食安全委员会
CLEP	穷人法律赋权委员会
CSO	民间社会组织
FAO	联合国粮食及农业组织
FPIC	自由、事先、知情同意（原则）
GIZ	德国国际合作署
GPS	全球定位系统
IASS	可持续发展高级研究所
ICESCR	经济、社会及文化权利国际公约
IFAD	国际农业发展基金
ILC	国际土地联盟
MPA	海洋保护区
NGO	非政府组织
RECOFTC	亚太地区社区林业培训中心（泰国）
RRI	权利和资源倡议
UN	联合国
UNESCO	联合国教育、科学及文化组织
WFP	联合国世界粮食计划署

内容提要
ABSTRACT

　　这本关于公地权属权利治理的指南旨在支持国家、社区组织、民间社会组织、私营部门及其他相关行动方，采取积极措施，落实《国家粮食安全范围内土地、渔业及森林权属负责任治理自愿准则》（以下简称《准则》）。其目标是实现对公地权属权利以及基于社区治理结构的法律认可和保护。

公地权属权利至关重要
　　世界范围内数以百万计的人口依赖作为公地集体使用的土地、渔场及森林等自然资源为生。公地对文化身份及人民福祉至关重要，对于包括农民、渔民、牧民、无地者及最边缘化和最脆弱群体在内的土著人民及当地社区而言，它是食物和收入的来源，是重要的安全网，事关人权。公地拥有多重、灵活的权属权利类型，这些权利可能由不同权利持有者长期或临时持有。它的边界可能是固定的，也可能是流动的，可能会由社区定期重新商定、修改、废除及达成一致。如果加以集体治理，公地是完全可行的。保障公地权属权利可以激励人们以环境可持续的方式对自然资源加以利用，并对资源系统的生产力进行负责任的投资。

如何保障合法公地权属权利
　　以人权为基础的《准则》呼吁各国政府作为主要责任人，履行其保障合法权属权利的义务，包括那些公地权属权利。这意味着国家需要对这些合法的权属权利及其权利持有者给予法律认可并加以尊重。国家及其司法机关需要保护这些权利免受威胁和侵犯，必须为人民提供积极支持，从而使他们能够行使和享受其享有的权利。非国家行动方，包括民间社会组织、社区组织、学术机构、科学家、专业服务提供者、私营部门及捐助者，有责任支持社区取得他们的权利，根据人权原则为其提供保护，恪尽职责。非国家行动方的这一责任独立于国家履行其人权义务的能力和（或）意愿而存在：它并不减弱国家的人权义务。

　　本指南提供 12 个相互关联的战略，并在三个行动领域提供方式方法建议。虽然对公地权属权利的法律认可和保护必不可少（1），政府及社区在实践中有效加以贯彻（2）以及支持社区享有其权利（3）对于在人们的日常生活中实现权属安全至关重要。

　　（1）法律认可及保护战略（战略 1～5）

　　国家需要对合法的公地权属权利、权利持有者以及相关习惯权属体系予以法律认可和保护。立法应当使权利持有者能够取得在当地层面集体治理公地的权力和责任。这一权力和责任下放同时从法律上要求社区根据《准则》中列出的原则，加强或制定程序，实现包容性、可追责和可持续治理及决策（战略 1）。法律框架应当关注程序而不是实体规则（战略 2），以应对公地权属权利的复杂性、多样性和灵活性，并规定社区管理可做出因地制宜和灵活的调整。社区需要参与到一个包容性的当地进程之中，就公地可持续利用规则达成一致，确认公地的外部边界并制图，在国家主管部门的支持下进行登记（战略 3）。为了保证立法的透明性、可问责和有效性，国家应当设立一个包容性和协商性的政策制定及法律制定进程，支持民间社会和权利持有者的参与。为此，科学家、律师、民间社会组织及国家需要创新法律概念和条款（战略 4）。宣传工作在支持政治层面、公共层面及个人层面接受公地权属权利及基于社区的治理的进程，以及支持确保这些权利的落实和执行的结构方面，发挥着至关重要的作用（战略 5）。

　　（2）政府与权利持有者实施战略（战略 6～8）

　　为了确保公地权属权利在实践中有效实施，战略 6～8 建议政府及其他行动方，包括民间社会组织，支持社区加强或循序渐进建立包容性和可追责的社区治理结构（战略 6）。为社区内脆弱及边缘化群体赋权有助于支持他们在治理结构中的代表性和参与性，并帮助和鼓励他们有效利用社区机构（战略 7）。公地需要一个强有力的社区，调动合法权属权利持有者采取集体行动，以可持续、包容性和可问责的方式进行公地治理。与此同时，为了支持公地权属权利的有效实施和治理，至关重要的一点是国家要提高政府机构、议会及法院与公地相关的能力和认识，向次国家一级及社区一级下放人力和财政资源（战略 8）。

（3）支持享有权利的战略（战略 9～12）

为了支持社区充分利用法律框架，行使并享有其权属权利，战略 9～12 呼吁国家确保当地权利持有者可以在国家及次国家一级获取起作用的司法体系帮助。

这要求认可和加强地方一级的争端解决机制，并以符合人权标准的方式将其与司法体系加以整合。国家还应当支持和认可社区和民间社会团体的法律宣传活动（战略 9）。为了给社区成员创造并保持来源于公地的长期利益，国家需要支持社区通过经济可行、环境可持续和具有社会包容性的公地利用和管理营造创收活动机会（战略 10）。国家和社区代表需要采取措施防止对公地权属权利的任何侵害或对相关人权的侵犯。尤其是在所有与投资者之间的伙伴关系或合同中，都要求国家致力于保护社区、支持其生计（战略 11）。为了增强透明性、建立信任和确保不同行动方可追责，国家需要承认和支持通过包容性的多方参与进程，在国家以及地方一级监督和审查立法情况、机构设置、程序及法治。民间社会组织、社区组织及权利持有者必须能够参与这些进程（战略 12）。

使变革发生

本指南旨在启发和指导不同行动方，使其能够通过将负责任公地权属权利治理变成现实，为转型变革做出有意义的贡献。为此，它提出这 12 个相互关联的战略，对来自世界各地 7 个案例进行分析，并提出方法、步骤供国家和地方因地制宜采用，以实现上述宗旨。根据《准则》实施公地权属权利负责任治理将为实现《2030 年全球可持续发展议程》《巴黎气候变化协定》及逐步实现食物权做出重要贡献。

目 录
CONTENTS

致谢 ……………………………………………………………………………… iv

前言 ……………………………………………………………………………… vi

缩略语 …………………………………………………………………………… viii

内容提要 ………………………………………………………………………… x

1 引言 ………………………………………………………………………… 1

　1.1 为何制定这份有关公地的指南 ………………………………………… 1

　1.2 本指南的范围、受众和结构 …………………………………………… 2

　　1.2.1 本指南覆盖哪些范围 ……………………………………………… 2

　　1.2.2 这份指南为谁而编，结构如何 ………………………………… 3

2 公地与《准则》 ………………………………………………………………… 5

　2.1 处理公地问题时我们需要知道什么 ………………………………… 5

　　2.1.1 公地权属权利的复杂性 …………………………………………… 5

　　2.1.2 "社区"指的是谁 ………………………………………………… 7

　　2.1.3 法律体系的多样性 ………………………………………………… 8

　2.2 我们为什么要保障公地权属权利 …………………………………… 8

　2.3 关于公地权属权利《准则》说了什么 ……………………………… 10

3 公地权属权利负责任治理战略 …………………………………………… 15

　3.1 法律认可及保护战略 ………………………………………………… 16

　　3.1.1 战略 1：通过下放公地治理的权力和责任，在遵循包容性、
　　　　　　可追责及可持续治理的法律要求的前提下，对合法的公地
　　　　　　权属权利及其权利持有者给予法律认可 ……………………… 16

3.1.2　战略 2：强化或建立法律框架，聚焦于程序规则，
　　　　以适应公地权属权利的复杂性、多样性和灵活性 ………… 21

3.1.3　战略 3：在协商和包容性当地进程基础之上对公地利用的
　　　　规则达成一致，并对其边界进行制图并登记 ………… 24

3.1.4　战略 4：建立透明的政策制定和法律制定进程，
　　　　使社区和民间社会组织可以参与进来 ……………… 29

3.1.5　战略 5：开展宣传工作，支持公地权属权利 ……… 31

3.2　政府与权利持有者实施战略 ………………………………… 33

3.2.1　战略 6：强化或逐步建立包容性和问责的社区治理结构 … 33

3.2.2　战略 7：支持社区内边缘化和脆弱群体赋权，
　　　　以有效利用社区机构 ……………………………… 37

3.2.3　战略 8：强化或发展政府官员的实施能力并
　　　　下放人力和财政资源 ……………………………… 38

3.3　支持享有权利的战略 ………………………………………… 42

3.3.1　战略 9：确保获得公平正义，承认和整合地方一级的机制，
　　　　并支持开展法律宣传 ……………………………… 42

3.3.2　战略 10：加强环境可持续和经济可行的公地利用方式，
　　　　以便为社区成员保持和创造长期的利益 ………… 46

3.3.3　战略 11：确保与投资者之间的任何伙伴关系或合同均应支持
　　　　当地生计，并且不侵犯公地权属权利，也不侵犯相关人权 … 51

3.3.4　战略 12：支持多方参与进程以便评估立法及
　　　　监督各机构、进程和法治原则 …………………… 53

4　将一般性战略与本地情况相结合的进程 ……………………… 55

5　附录 ……………………………………………………………… 58

5.1　附录 1：术语表 ……………………………………………… 58

5.2　附录 2：该指南是如何制定的 ……………………………… 59

5.3　附录 3：参考书目及资料来源 ……………………………… 60

I. 引　言

1.1　为何制定这份有关公地的指南

世界范围内数以百万计的人口直接依赖作为公地集体使用的土地、渔场、森林及水资源等自然资源为生。公地对文化身份及人民福祉至关重要。公地对许多社区具有重要的社会和精神价值，并在地方及全球范围提供基本的环境服务。它是食物和收入的来源，是困难时期的重要安全网。

有保障的公地权属权利对于土著人民及当地社区至关重要，其中包括农民、渔民、牧民、无地者，以及最脆弱、粮食不安全及边缘化群体。保证合法公地权属权利在实践中得到落实是实现可持续发展及实现食物权的基石。

然而，合法公地权属权利往往没有得到国家法律的承认和保护，即便法律对这些权属权利有文字上的承认，但在实践中往往没有被执行和付诸实施。这往往是由于种族歧视、歧视性法律和政策、行政及司法能力薄弱和社区治理结构无效。通常，原有的法律体系无法恰当地适应公地的要求。有时候，传统权威可能以不利于脆弱及边缘化社区成员的方式支配社区机构，而这些人正是依赖公地为生。不仅如此，伴随着私有化进程、侵蚀以及商业或公共目的大规模土地的转让，公地权属权利还受到日益增长的对自然资源需求和竞争带来的损害。此类冲突和进程往往导致资源退化、过度开发及对边缘化和脆弱资源用户的驱逐。

为了支持克服公地面临的这些关键的治理问题，本技术指南为《国家粮食安全范围内土地、渔业及森林权属负责任治理自愿准则》提供了战略指导。随着该《准则》于 2012 年在国际层面得到批准，政府、民间社会、私营部门及学术界就包括公地在内的土地、渔业及森林权属负责任治理达成了一项基于人权的标准。《准则》为采取所需行动提供了强有力的基础，并为政府及非政府行动方保障所有社区成员、土著人民及多样化的当地社区对公地的合法权属权利提供指导。

本指南通过提供旨在启发公地权属权利负责任治理的战略及实践方式，支持在实践中实施这些基于人权的准则。本指南还包括了对公地的理解以及为什么要保障公地权属权利。

本指南中的知识是通过一个多方参与进程取得的，是基于无数个体、民间社会组织、政府官员、科学家及国际组织在确保公地权属权利的实践中积累的战略和经验教训。这些经验被总结为 12 个战略，并分别提供了在国家及当地应用这些战略的方法、步骤及建议，旨在支持国家行政、立法及司法部门、社区组织、民间社会组织、私营部门及其他行动方对公地权属权利及基于社区的治理结构给予法律认可，以及致力于将其付诸实施和提供保护。

插文 1
《国家粮食安全范围内土地、渔业及森林权属负责任治理自愿准则》的背景

该《准则》是通过一个独特的包容性多方参与进程制定的。

该《准则》的效力不仅源于它在 2012 年 5 月 11 日的世界粮食安全委员会（以下简称"粮安委"）会议上得到一致通过，还在于其谈判之前采取的独特和包容性进程，创造出信任的氛围和合作的精神。《准则》寻求改善土地、渔业及森林治理，"使所有人受益，重点是弱势群体及边缘化群体"（1.1 章节），以便助力实现粮食安全目标，以及逐步实现充足食物权、消除贫困、可持续生计、环境保护及可持续社会和经济发展等目标（1.1 章节）。粮安委是一个包容性国际平台，向所有粮食及营养相关联合国政府间机构的成员开放，如 FAO、国际农业发展基金会、世界粮食计划署的成员，同时向民间社会组织及私营部门开放。它是一个粮食和营养安全国际治理机构，是在 2007/2008 年世界粮食危机之后根据更新后的授权而设立的。随着《准则》获得通过，目前在土地、渔业及森林权属负责任治理方面形成了一个广泛的国际共识以及一致同意的规范标准，它同时也适用于水资源。

1.2 本指南的范围、受众和结构

1.2.1 本指南覆盖哪些范围

本指南遵循《准则》的方式，聚焦于可用作公地的土地、渔场及森林，根

据该《准则》，对边缘化和脆弱性群体给予了特别关注，他们的粮食安全和生计主要依赖于这些作为公地使用的自然资源。还有很重要的一点，就是要指出土地、渔场及森林与水资源、生物多样性及其他自然资源之间密不可分的联系，这些资源也用作公地。虽然本指南关注的是地方层面作为自然资源的公地，但近年来，关于公地更广泛的辩论还包括知识（例如互联网）、文化公共资源（如公共艺术）、基础设施（如道路）及诸如海洋和空气等全球资源。

本指南采取了与《准则》相似的全球视野，这意味着它寻求提供的公地权属权利相关战略贯通不同区域。针对这些颇具通用性的战略，指南使用了来自全球各地不同国家的实际案例加以说明，这些战略旨在为其他背景条件提供一个启发来源。另外，它还提供了方法指导，以支持将这些一般性战略应用于具体当地环境。

本指南不含对《准则》所有条款和各个方面内容的深度解读，而是重点关注那些对公地权属权利特别重要的内容。它同时建议参考其他 FAO 技术指南，以便了解更多有关权属负责任治理的战略和方法。本指南中涵盖的内容包括：性别；土著人民及自由、事先、知情同意原则；渔业、林业及牧场土地；法律问题；农业投资及私营部门参与；登记。

1.2.2　这份指南为谁而编，结构如何

这份指南为各类利益相关方提供实现公地权属权利负责任治理的战略指导和启发性案例，包括：

(1) 各层级政策制定者，例如国家、区域及地方政府、议会，以及其顾问（例如负责法律改革、行政、空间规划、土地、渔场、森林、水体、矿产资源确权和划界、保存、环保及农村开发的各机构）。

(2) 法庭、司法部门及律师。

(3) 社区组织和民间社会组织。

(4) 发展组织及顾问。

(5) 私营部门行动方（包括土地投资者），他们将更好地理解公地的情况及其对社区的重要性，对投资项目取得深入认识。

(6) 科学家和培训者，例如研究和教育方面。

指南第 2 章提供了对公地的关键认识，明确了条件，解释了为什么承认、保护和支持公地权属权利非常重要。它还综述了《准则》对公地权属权利负责任治理所做的论述。

第 3 章针对怎样承认、保护和支持公地权属权利提供了 12 个一般性战略。这些战略重点强调了保障这些权利所需考虑的重要方面。由于它们之间是相互关联的，建议相互参阅。它们还对政府及民间社会的作用和责任做了明确的深

入分析。为进一步说明这些战略，指南中提供了 7 个案例，涉及影响公地权属安全的各个不同的关键问题。这些案例为读者提供了实际的经验、做法和战略，展示了如何应对这些不同的问题。案例提供了经验教训，使人从中得到启发。

第 4 章为这些战略补充了方法指南，帮助将其与国家和地方情况相结合，并对这些战略做了一般化处理，以便适应世界各地的情况。

2. 公地与《准则》

2.1 处理公地问题时我们需要知道什么

2.1.1 公地权属权利的复杂性

自然资源，例如土地、渔场及森林，可以作为公地使用。这意味着一群人（往往被理解为"社区"）集体利用和管理这些资源。在有些情况下，这样一群人还可能持有对这一公共资源的集体所有权。《准则》中对这些权利做出了规定（FAO/CFS，2012），例如8.2、8.3、8.7、8.8、9.2、9.4等章节；另见本指南第2.3章节。这些集体持有的自然资源可以与那些由个人或单个家庭单独拥有的资源相区分，例如一块永久农地。

这一群体的成员，所谓的权利持有者，可能每人都持有多样化、多重及灵活的公共资源权属权利组合，这些公共资源具有固定或流动的边界。这些权属权利可能是永久持有或临时持有，也可能定期重新协商、修改、取消以及由群体达成一致意见。它们在时间和地理空间上可能相互重叠。

例如，游牧民可能拥有利用一块土地放牧牲畜的季节性权利，以及进行狩猎或利用特定水资源的季节性权利。其他人可能有权使用同一块土地上的树木，在一定条件下采集薪柴和药用植物。更多的人还可能有权在特定时间利用这块土地进行农业生产。

这些权利组合可能包括：

(1) 使用权，例如进入权（例如穿过一块田地或造访一片圣地）、提取权（例如采集野生植物）及用益物权（例如开发某种资源以获取经济收益）。

(2) 控制或决策权，包括管理权（例如播种某种作物）、排他权（例如阻止他人进入牧场）及让渡权（例如出租、转让或出售）。所有权一般被认为是对某种资源的排他性控制权。

这样，群体可以确保其公地权属权利。排除外人使用资源的权利至关重要，但往往非常困难，代价不菲。这项权利很重要，因为公共资源在消费过程中不断减少，具有竞争性，即被一个使用者采集去的资源单位其他人将无法再获得。在主要的公地权属权利组合之外，还应考虑无限期保有权利以及确保必要程序和赔偿的权利（权利与资源倡议，2015），这一点也很重要。

公地权属权利还意味着有责任保护公共资源，以及采取集体行动以确保其可持续、高效和公平利用。很重要的一点是群体应当能够集体管理和控制有关的公共资源并分配权属权利，即共同决定谁可以使用哪些资源、使用多久、要符合什么条件，并能够排斥非群体成员使用该公共资源。这还意味着划定公地边界，以便规范公地使用和保护其免遭侵犯。边界既可以是固定的，也可以是流动的，可以以多种方式界定，例如，地理区域、利用时间段、工具类型、收获规模、群体成员身份等。

根据国家法律背景及权利和责任的下放程度，公地有各种不同的情况：

(1) 公地可能是公有或国家所有，由当地群体（或社区）集体使用和管理的土地、渔场及森林。在很多情况下，政府通过法律宣布公共土地、水资源、渔场和森林为公共性质，因为政府强调这些资源是空闲或无主状态，或者公地提供"公共产品"，例如环境服务。然而，它忽视了这样一个事实，即公地是习惯上由一个社区或几个社区所拥有的。因此，社区被剥夺了合法捍卫自己的公地习惯权利的权利。

当都持有同一公有公共资源权属权利的不同使用者群体、群体成员采取的集体行动很弱，或者完全没有采取集体行动，这时可适用"开放获取权"。在这种情况下，集体开展使用权管理、排除外来者、管理使用者之间的冲突、形成一致意见、促进可持续使用和防止过度开发及退化的习惯法或社区制度无效或缺失。因而，按照个体自身利益行事的倾向性加剧并可能导致资源过度使用、退化和损失。这就是 Hardin 提出的"公地的悲剧"（Hardin，1986）。Elinor Ostrom 等（1990）[①] 的著作指出，集体行动对于治理公共资源至关重要。

(2) 公地可能由土著人民或其他社区根据习惯权属体系所拥有，而这一点可能得到法律认可。在这种情况下，公共资源可能通过一个基于社区的集体共有权属体系进行管理。"集体属性"常用来指一个社区的整个区域或领地，既包括集体占有的公地，也包括个体占有的资源。公地可能位于土著或传统社区所有的区域或领地上，社区的不同成员可能保有多重和相互重叠的公共资源权属权利组合。换一种情况，不同的社区之间可能进行谈判并达成一致意见，将对某些部分资源的特定权利组合分配给隶属不同社区的成

---

① 其他学者包括 Bromley 等（1992），McKean（2000），Agrawal（2003），Dietz、Ostrom 和 Stern（2003），Meinzen-Dick、Mwangi 和 Dohrn（2006），Mosimane 等（2012）。

员，供其长期或临时集体使用。

然而，在许多情况下，政府保有名义上与所有权相关的权力。这就使政府得到决定如何使用资源的不当权力，或掌握公地商业使用权、审批权，例如授予采伐、采矿、产业化农业经营及畜牧养殖等特许权。在其他一些情况下，政府保有重要的管理权，这往往导致对资源利用的过度监管，并给公共资源合法利用造成高门槛及高成本。

（3）公地可能是新设立的，如果不同群体（如森林使用群体）共同设定集体使用、管理甚至拥有特定自然资源的规则和规范。这些群体还可能建立一个合作社或者协会来集体利用资源并集体组织和开展生产。这些公地也可能从属于前两条所述情况。

为了保障公地权属权利，支持保持公共资源所需的集体行动，下放治理公地的权利和责任给当地群体或社区，并承认他们的集体权属权利至关重要（见第 2.2 章节，我们为什么要保障公地权属权利）。因而立法和执法的挑战是应对公地权属权利组合的复杂性、多样性和灵活性，并承认群体或社区在治理这些权属权利方面的权利和责任。

2.1.2 "社区"指的是谁

在不同的区域和国家内，在不同的条件下，根据相关资源的属性，群体或"社区"的构成各不相同。在本指南中，社区广义上是指一个复杂的社会和地理单位，包含不同类型的成员，这些成员又存在共同之处。例如，成员可能有共同的职业，隶属于某族群或宗教群体，有共同的历史、文化身份或亲缘关系，在自然资源获取和利用方面有同一个权威、共同的规范或规则，在当前及过去的定居点有共同的居住地，共同利用或占有一片领地或地理区域……或兼具上述共同之处。因而，一个社区可能是诸如一个单独的村庄或村庄的一个群落、一个村庄中的一群人、若干家庭的集群或一系列不同的用户群体（例如流动牧民、定居农民）。一个社区可能由传统或亲缘关系界定，或者由其自身界定，例如，根据资源利用或特定的权属权利模式（例如一个捕鱼社区）。在其他情况下，一个社区可能由行政法律界定（例如作为地方政府实体的村）。

一个社区的社会和地理边界可以是灵活、可再议和随着时间推移而调整的。边界也可能仅仅是模糊界定的，例如在林区，一些边界距离定居点和当前的主要利用区域较为偏远，并无明确界定的空间边界。因此，边界对于外人来说可能显得模糊，而权利持有者本身则可能很清楚他们的社区边界和成员。不仅如此，一个社区的社会边界可能在当地很容易界定和保持，但其构成则会随着人口的生老病死、婚丧嫁娶及迁徙而发生变化。

社区持续处在变化之中。在很多情况下，它们并不总是界定清晰、具有社会同质性的实体，拥有合法和负责任的领导，总是以可持续和包容性的方式监管公地。相反，它们可能存在社会经济不均衡和权利不平衡。下列三个相互关联的社会经济趋势正在加速变革进程：移民及迁徙；从依赖社区团结一致的自给自足经济逐步向个体化和商业化经济过渡；治理机构正式化，包括传统机构被地方政府机构替代。在此背景下，对基于社区的公地治理形成现实的概念至关重要，它要尊重自然资源当地自治的必要性，同时支持包容性、均衡和可持续收益以及参与式、透明及包容性进程。

2.1.3 法律体系的多样性

在许多国家，公地通过多样的习惯权属体系加以规范。习惯权属是源于当地的体系，具有随着时间推移和使用过程而演变的规范、规则、机构、做法及程序。习惯权属体系取得了社会合法性，由当地社区商定、维系和变革。习惯体系可能是传统的或者本地的，可能是民主的也可能是等级结构的，可能是跨境和跨越国际边界的，即使在同一国家内也可能存在不同体系。习惯治理体系并不总是包容性和可问责的，有时候在性别方面高度不公平，并遭到地方精英腐化破坏。它们往往具有弹性，持续演变，以响应政治、社会及环境变化。在许多国家，它们是最重要和最有合法性的体系。据估计，全世界有超过 15 亿人通过习惯体系组织其土地关系（CLEP，2008；Alden Wily，2011b）。

然而，在许多情况下，这些习惯体系并没有得到法律认可并整合到成文法之中，或者仅在一定程度上得到认可。成文法指的是国家批准的立法。即使成文法承认习惯权利，这些体系也往往由于获取成本高（例如法庭）、精英控制、众多官僚体系障碍、政府执法能力不足以及单纯由于当地社会价值和做法没有得到反映的事实，对当地社区而言可望而不可即。

因此，成文法和习惯法体系，在有些情况下还有宗教法律体系，可能相互重叠和相互冲突。这就使公地陷入双重或多重治理体系之中，其中一个负面影响就是"平台挑拣"，那些强力的行动方会挑选对自身利益最为有利的法律体系。这里面临的挑战是找到合适的途径和范式整合习惯法和成文法体系，同时承认两者可能都需要改革和改进，以实现《准则》中提出的权属负责任治理原则（见本指南第 2.3 章节以及《准则》3B 章节）。

2.2 我们为什么要保障公地权属权利

（1）公地在粮食安全、生计、文化身份及福祉方面对很多人而言至关重要。

它在困难时期提供资源安全网，尤其是对于脆弱家庭及边缘化群体、妇女、无地者及那些自身不拥有足够的土地以维持生计的人。它提供给人们直接获取各种产品的途径，例如薪柴、饲料、鱼、水果及药物等产品，还是通过资源小规模商业化利用在自给自足水平之上创造收入的框架。同时，公地在公平、正义及社会稳定、文化身份及宗教意义方面具有很高价值。它提供了重要的当地及全球生态系统服务，例如，帮助缓解气候变化、含水层补给、流域保护以及防止水土流失。将公地称为"一无所有的荒原"、历史遗留或落后体系都是不正确的。公地对于世界上很多人来说是他们的生计基础，他们的权属权利需要得到法律承认和保护，免受对自然资源日益增长的需求和竞争带来的侵犯。公地常常沦为大规模征地和商业化开发的首要目标，而这往往带来各种负面影响：非自愿的当地生计限制，获取自由受限，资源退化及过度开发，当地使用者被驱逐和经济上流离失所。弱势和缺乏权势的资源使用者最容易被驱逐。

（2）公地权属权利与实现人权有着密不可分的联系，因而必须加以维护。

各国签署了具有约束性的国际人权条约和宣言，例如《经济、社会及文化权利国际公约》，其中包括诸如食物权和自决权。其他由国家批准的法律文书还包括《消除一切形式种族歧视国际公约》和《消除对妇女一切形式歧视公约》，保护平等和非歧视权利。国家有法律义务尊重、保护和实现这些权利，这些权利也和公有土地、渔场和森林相联系。《准则》密切根植于现有的国际人权法律，特别涉及《世界人权宣言》《国际劳工组织关于独立国家土著和部落居民的公约》（第 169 号）《生物多样性公约》《联合国土著人民权利宣言》及相关人权法律文书。

（3）如果加以集体和有效治理，公地是完全可行的。

鉴于多重和相互重叠的公地权属权利的复杂性，以及向个体化社会和经济逐步过渡，政策制定者和科学家常常宣传将个体私人财产权正式化。在社区对个体化体系认识有限的情况下，可能会被说服相信个体化体系更为优越。然而，这一方式过度简化了公地权属权利的复杂状况，削弱或者剥夺了合法权利持有者使用和管理公共资源的权利。家庭及个人土地确权工作往往未能保护过去作为公地管理的资源。不仅如此，如果不将其分割成归个体拥有的小块，而是集体整体管理，一些资源可能以生产力更高和更加可行的方式管理。这可能是因为有关资源难以划定边界，或是因为它具有流动性（如渔场），或是因为它只有以较大单位统一管理才能产出特定产品和生态系统服务（如放牧走廊或生物多样性所需的生态连接）。例如，森林需要以较大单位管理才能保持其在保护水资源、土壤、生物多样性和当地气候方面的价值，这同样适用于湖泊和其他水体。如果集体管理，可以应用更为适当和可持续的利用和管理系统，例如轮流使用公共森林或牧场。这对于脆弱环境尤其有帮助，为生产变化大的自然资源（如旱地牧场）提供一种风险分担方法。共享整个资源系统区域，并共同决定在特定的时间在哪里集中使用比将整个区域分割成小块来使用更可行，避免将灾害风险加在某些使用者身上。个人私有财产权正式化还可能使权利差异法定化，例如在男性和女性之间的差异，这可能根植于习惯体系，正式化将冻结习惯权属体系的灵活性。此外，集体权利可以防止将土地、渔场及森林卖给外人，因为只能由社区集体做出决定，个人不能做决定。

（4）保障公地权属权利可以鼓励采用环境可持续的方式利用自然资源，并激励对资源系统的生产力进行投资。

原则上说，资源的持续利用对社区有好处。在许多习惯体系中，对于代际公平的历史性文化信仰促进了对资源的保护。然而，为了防止滥用，需要在权属权利、集体行动以及强有力的社区治理体系方面提供法律确定性。如果这些都到位了的话，所有从公共资源中获得收益的人都会得到激励进行资源可持续利用，所需的就是所有权属权利持有者共同达成一致意见的一套明确的规则和机制，实现责任追究和控制。向社区下放全面治理资源权属权利的权力和责任不仅可以改进，而且应当把公地可持续、包容性及生产性利用、有效管理以及保护的责任要求纳入其中。

2.3 关于公地权属权利《准则》说了什么

《准则》传递了 5 条关于公地权属权利治理的重要信息：

（1）所有关于权属及其治理的行动都必须与国际人权义务要求相一致。

虽然《准则》属于自愿性质，但它也具有重大的法律意义，因为它深深根植于既有的具有国际约束力的人权法律。《准则》的制定历时三年，制定过程是一个前所未有的包容性和参与式谈判进程，在国家、民间社会组织、农民运动和私营部门之间展开，最终在 2012 年世界粮食安全委员会会议上得到一致通过。《准则》贯穿始终反复强调"国家应当确保所有关于权属及其治理的行动都必须与国家和国际法规定的现有义务保持一致，并充分顾及相应区域及国际文书中的自愿承诺"（例如 4.2、4.3、9.3 章节）。例如，《准则》提及《世界人权宣言》《国际劳工组织关于独立国家土著和部落居民的公约》（第 169号）《联合国土著人民权利宣言》和《生物多样性公约》。《准则》还包含与《消除对妇女一切形式歧视公约》相一致的关于性别平等的条款，《联合国反腐败公约》中规定的透明及政府廉政的标准，以及支持"自由、事先、知情同意"标准的人权法庭的司法裁决。

首先，《准则》规定了国家的义务，同时也规定了非国家行动方的责任，包括"农民以及小规模生产者、渔民和森林使用者组织；土著居民和其他社区；民间社会；私营部门；学术界；以及所有与权属治理相关人员"（1.2 章节)。《准则》提供了 10 条基于人权的实施原则，规定国家及非国家行动方应当如何设定程序，开展负责任权属治理：人的尊严、不歧视、公平公正、性别平等、全面与可持续方式、磋商和参与、法治、透明、问责及持续改进（3B章节，见插文 2）。

插文 2
实施负责任权属治理的 10 条指导原则

1. 人的尊严：承认每个人的固有尊严及其享有平等和不可分割的人权。

2. 不歧视：法律、政策和实际做法中不应对任何人抱有歧视。

3. 公平公正：承认个体之间的平等可能需要承认个体之间的差异，采取积极行动，包括赋权行动，以便在国家背景之下促进所有人，不分男女老幼或脆弱及传统边缘化群体，实现公平的权属权利和获取土地、渔场及森林资源。

4. 性别平等：确保男女平等享有所有人权，同时承认男女之间的差异，必要时采取具体措施加快实现男女平等。各国应确保妇女和女童能够享有平等的权属权利，能平等地获取土地、渔场和森林资源，而不受其民事或婚姻状况的影响。

5. 全面与可持续性方式：承认自然资源及其利用是相互关联的，并采取一种全盘、可持续的方式对其实现行政管理。

6. 磋商和参与：在决策前，让拥有合法权属权利、可能受到决策影响到的人们参与进来，并寻求其支持，同时对其意见做出回应；考虑到各方之间原有的权力不平衡现象，确保决策进程涉及的个人与群体积极、自由、有效、有意义且知情地参与其中。

7. 法治：通过法律采取一种基于规则的做法，这些法律要以合适的语言广为宣传，适用于所有人，得到公平执行并独立做出裁决，与其国家和国际法下的现行义务保持一致，并充分顾及适用的区域及国际文书中的自愿承诺。

8. 透明：用合适的语言明确界定并广泛宣传政策、法律及程序，并用合适的语言以所有人可触及的形式广泛宣传各项决策。

9. 问责：个人、公共机构及非国家行动方均应依照法治原则对自己的行动及决定负责。

10. 持续改进：国家应改进权属治理监督及分析机制，以便制订循证计划并确保持续改进。

资料来源：FAO/世界粮食安全委员会，2012/4-5。

（2）公地权属权利具有合法性。

《准则》明确呼吁国家对所有合法权属权利、其权利持有者和相关权属体系给予法律承认、尊重和保护，并促进和支持权利的享有和充分实现（3A 章节）。这就意味着：

①合法的权属权利不仅包括公有和私有权属权利，还可以是社区共有的、集体的、本地的和习惯权属权利（2.4、8.2、8.3、9.2、9.4 章节）。这包括祖先权利（9.5 章节），传统权利（8.7、8.8 章节），附属权属权利如采集权利（7.1、12.9 章节），使用权利（1.2 章节），重叠和定期权利（20.3 章节），共享权利（9.4 章节），未登记的权利（7.3 章节），当前没有得到法律保护的习惯权属权利（4.4、5.3 章节），非正式权利（10.1 章节），民事、政治、经济、社会及文化权利（4.8 章节）以及男女享有平等权属权利（7.4 章节）。

②不仅个体可以成为权利持有者，群体（或一个社区）也可以成为权利持有者（8.2 章节）。

③公共所有的土地、渔场及森林的集体使用和管理权利需要得到承认和保护，还需要承认和保护其相关的权属权利，包括习惯体系以及公共资源本身（8.3 章节）。

这些合法权属权利应当得到捍卫和法律保护，免受侵犯、剥夺、强制或任意驱逐（4.4、4.5、7.1、7.6、9.5、10.6 章节）以及未经授权的利用（9.8 章节）。在进行空间规划时也应加以考虑（20.3 章节）。

《准则》呼吁，国家根据《准则》，通过透明、参与式和磋商进程，明确界定并宣传在国家背景下被视为合法的权利范畴。

（3）需要社区参与进来并征求其意见。

《准则》中的一个核心程序要求就是参与和磋商："在决策前，让拥有合法权属权利、可能受到决策影响的人们参与进来，并寻求其支持，同时对其意见做出回应；考虑各方之间现存的权力不平衡现象，确保决策进程涉及的个人与群体积极、自由、有效、有意义且知情地参与其中"（3B.6 章节）。

这赋予拥有合法权属权利的社区一项影响深远的权利，在可能对其带来影响的决策过程中，要咨询其意见并且让社区参与决策过程，例如参与制定和实施政策及法律、权属权利分配的决定，以及土地开发的决定（4.10、5.5、

9.2、9.10、8.6、8.7 章节)。对于土著人民而言,《准则》额外要求根据《联合国土著人民权利宣言》(《准则》9.9 章节)及相关人权法律文书实行"自由、事先、知情同意"的标准,包括在投资项目中适用这一标准。"自由、事先、知情同意"标准还适用于区划和出售资源特许经营权、土地征用、土地租赁,以及国家的资源开发和采掘计划(FAO,2014a)。

呼吁国家和非国家行动方都为社区提供技术和法律支持,帮助和确保社区参与,尤其是脆弱及边缘化群体的参与(9.10 章节)。

(4) 应当下放公地责任和权力,承认自我管理,整合习惯体系和成文法体系。

总体而言,《准则》赋予社区在治理和管理公共土地、渔业及森林方面的关键作用,旨在下放公地及集体权属安排的责任和权力(8.7、8.8、9.2、9.4 章节)。各国有权采用各种形式分配权属权利,包括从有限使用权到完全所有权的各种权利形态(8.8 章节)。各国应在政策中明确规定权属治理责任和权力下放(8.7 章节),并决定是否为自身保留任何形式对所分配的土地、渔业及森林的控制权(8.8 章节)。国家需要确保其分配政策与更广泛的社会、经济和环境目标相一致(8.1 章节),保证相关政策考虑了土地、渔业及森林的社会、文化、精神、经济、环境及政治价值(9.7 章节),并且不会因为剥夺了人们对相关资源的合法获取权而威胁人们的生计(8.7 章节)。

不仅如此,《准则》还呼吁各国承认和保护土著人民及其他拥有习惯权属体系的社区的自我治理权利(9.2 章节)。这些自我治理权利是与人权标准绑定在一起的,例如"一旦宪法或立法改革在加强妇女权利的同时,导致妇女权利与习惯做法出现冲突,各方应协力合作,将相关变化纳入习惯权属体系中"(9.6 章节)。另外,它还与提供公平、有保障和可持续获取权以及包容性及参与式决策进程的目标绑定在一起(9.2 章节)。与此同时,"各国应考虑调整自己的政策、法律及组织框架,以便承认土著人民及其他拥有习惯权属体系的社区的权属体系"(9.6 章节)。

(5) 实施公地权属权利涉及大量行政任务。

《准则》高度重视完成下列行政任务以确保公地权属权利在实践中得到实施:

①提供一个单一体系,或者一个一体化框架,以确保集体权属权利、个人私有财产权利及公共权属权利都能被登记下来,以便识别竞争性或重叠权利(17.1、17.2、17.4、9.8 章节)。组织相关的信息流,并以透明、可获取的方式以及可以理解和适用的语言公布信息(8.4、8.9、9.4、9.8、11.5、17.1 章节)。关于权利、权利持有者及相关空间单位的信息应当相互关联(17.4 章节)。

②支持通过当地适当方式对权属权利及资源利用情况进行制图（7.4、9.8、17.3章节），并确保空间规划考虑公地权属权利，协调和支持不同的利用及利益，并考虑传统规划方式（20.1、20.2、20.3章节）。帮助理解影响社区的跨境权属问题，例如牧场、牧民季节性迁徙路径，以及跨越国境的小规模渔民渔业（22.2章节）。

③要求评价系统将非市场价值考虑进来，例如社会、文化、宗教、精神、政治及环境价值（18.2、9.1章节）。

④确保权利转让不会对当地社区造成任何不利影响，保护小规模生产者的权属权利，并确保合法的社区机构公正地参与此过程（11.2、11.3、11.8章节）。确保负责任和透明的投资，这些投资不得带来危害，并应当防止剥夺合法权属权利持有者的权利，防止造成环境破坏，并且应当尊重人权（12.4、21章节）。国家应当考虑推广一系列不会导致权属权利向投资者大规模转移的生产和投资模型，并应当鼓励与当地权属权利持有者之间建立伙伴关系（12.6章节）。

⑤在遵守国际人权标准的前提下，利用公平、可靠、及时、负担得起、性别敏感、可获取、非歧视及有效的传统和当地做法、替代方式和手段解决争端（21.1、21.3、25.3、9.11章节）。确保可获取公平正义，包括法庭、律师、行政及司法服务，并为此提供技术和法律支持及帮助（6.6、4.7、10.3、21.6章节）。

⑥防止与权利分配和争端解决进程相关的腐败（6.9、9.12、10.5、21.5章节）。

⑦确保负责权属治理的职能机构拥有充足的人力、物力、财力及其他能力，并有充分的相关培训，尤其是在权力下放方面（8.10章节）。为享受权利及完成职责提供技术和法律支持（7.4、7.5章节），并为提高社区参与决策和治理的能力提供支持（9.2、9.10章节）。

⑧确保长期保护和可持续利用土地、渔业及森林；促进多样化可持续管理，包括农业生态方式和可持续集约化（20.5章节）；在政策、法律及组织框架中反映土地、渔业及森林与其利用之间的相互关系，并制定一个一体化行政管理方式（5.3章节）。

⑨监督和定期审查政策、法律及组织框架，以保持其有效性（5.8章节），并监督权属权利分配计划在更广泛的社会、经济及环境目标方面的成果（8.11章节）。

3. 公地权属权利负责任治理战略

公地权利的实现要求国家和非国家行动方采取专门的行动。根据《准则》条款，本章提供源于世界各地经验的 12 个战略，各地可结合具体情况参考。这些战略确认了需要加强或改革负责任权属治理以便保障公地权属权利的各个关键方面，并且用实际案例加以说明。鉴于其相互关联和互补的特征，应将这些战略作为一个整体对待。

简而言之，这些战略为三个领域的行动提供了指导：

①在调整法律框架的同时对公地权属权利加以承认和保护（战略 1～5）；

②确保公地权属权利将在实际层面得到有效实施（战略 6～8）；

③支持社区充分利用法律框架以及行使和享有其权利（战略 9～12）。

在关于保障公地合法权利持有者权属安全的工作中所涉及的作用和责任，《准则》就国家义务及非国家行动方责任做出了明确的规定。下列战略参照这些条款内容，明确了国家、社区、民间社会组织以及私营部门在实施公地权属权利中的义务和责任。另外还提到其他利益相关方，诸如捐助方及学术界，他们得到《准则》承认，可以对负责任公地治理做出贡献。

插文 3

如何负责任地治理公地权属权利：为国家、社区、民间社会组织及私营部门有关各方提供的 12 个战略

3.1 法律认可及保护战略

（1）通过下放公地治理的权利和责任，在遵循包容性、可追责及可持续治理的法律要求的前提下，对合法的公地权属权利及其权利持有者给予法律认可。

（2）强化或建立法律框架，聚焦于程序规则，以适应公地权属权利的复杂性、多样性和灵活性。

（3）在协商和包容性的当地进程基础之上对公地利用的规则达成一致，对其边界进行制图并登记。

（4）建立透明的政策制定和法律制定进程，赋权社区和民间社会参与其中。

（5）开展宣传工作，支持公地权属权利。

3.2 政府与权利持有者实施战略

（6）强化或逐步建立包容性和问责的社区治理结构。

（7）支持社区内边缘化和脆弱群体赋权，以有效利用社区机构。

（8）强化或发展政府官员的实施能力并下放人力和财政资源。

3.3 支持享有权利的战略

（9）确保获得公平正义，承认和整合地方一级的机制，并支持开展法律宣传。

（10）加强环境可持续和经济可行的公地利用方式，以便为社区成员保持和创造长期的利益。

（11）确保与投资者之间的任何伙伴关系或合同均支持当地生计，同时不侵犯公地权属权利，也不侵犯相关人权。

（12）参与支持多方参与进程以便评估立法及监督各机构、进程和法治原则。

3.1 法律认可及保护战略

3.1.1 战略1：通过下放公地治理的权力和责任，在遵循包容性、可追责及可持续治理的法律要求的前提下，对合法的公地权属权利及其权利持有者给予法律认可

（1）理由。

对合法公地权属权利及其权利持有者给予法律认可，应符合两个不同的需要相互协调的要求。一方面，社区需要得到法律承认其作为权利持有者，同时根据其现有的习惯和传统法律下放公地治理的权力和责任。另一方面，法律承认需要确保包容性、透明、可问责和可持续管理及治理公共资源，同时规定所

有合法的公地使用者有保障具有平等的权属权利，而这在现有的传统治理结构中并不一定得到保障。因此，法律框架需要在遵循包容性、追责及可持续治理的法律要求的前提下，规定将管理公地权利的权力和责任下放给社区机构。

（2）具体建议。

①国家立法应当承认并明确规定社区可以成为权利持有者，作为法人，能够持有公地集体权属权利。这意味着，法律必须承认社区能够成为权利持有者，拥有集体治理公地的权力和责任，这与个人形成对比（2.1章节，关于本指南中"社区"的含义）。社区必须能够持有实体性权利，例如使用权、管理权和所有权，以及管理公地实体权利分配的程序性权利（见关于程序规则的战略2）。很重要的一点是公地治理权力和责任下放包括全面的资源权利，即包含对各种不同但相互关联的资源（例如土地、树木、野生动物及当地水体）的权利，以便实现和支持可持续、一体化管理并利用公地。

②国家立法应当进一步规定公地权属权利与通过正式成文法体系获得的个人私有财产权利有同等的法律力量、效力和可执行力。公地权属权利通常根据既有的习惯权属体系进行治理，其规则、规范、实践方式及权力系统被当地接受并由社区实施。因此，只要是在遵照包容性、可追责及透明治理的法律要求的前提下，无论在何处实施，立法必须承认和支持这些合法的习惯权属体系。政府和法院必须承认习惯权属权利的有效性并给予支持，即使这些权利还没有登记或确权。

③将公地治理的权力和责任下放给社区需建立在社区申请的基础上。这些申请提供了公地社会及地理边界以及缓冲区的证明，并证明设立社区细则的进程，以便实现公地包容性和可问责治理以及可持续管理，包括社区组织的合法性。公地治理权力和责任下放的一项关键行动是确认社区的"权属框架"，即其社会和地理边界，并给予法律承认（见战略3）。这包括直接确定在这些边界内的习惯权利和结构只要符合《准则》的原则都将得到法律承认（见插文2）。国家有责任设立和执行这样的边界，必须尊重和支持社区层面建立的规则和机制。在有的社区，像《准则》中规定的那种包容性、可追责和透明的治理结构可能已经存在并被付诸实施。其他社区可能需要得到支持来调整和加强其机构设置，以便克服原有的男性主导、歧视性和腐败的体制，从而实现性别平等原则（见战略6和7）。因而，社区必须在其管理细则、章程或规程中确定进程以建立起社区治理结构、程序和体制，包括其代表的合法性，作为权利和责任下放的前提条件。

④社区治理结构可以采取自然资源管理委员会、领地理事会或其他类型的机构形式。这可以成为合法、包容性、透明和可问责公地治理的工具。根据国家的具体情况，此类机构可以基于原有的传统社区机构，可以作为地方政府设

置的一部分，或者可能是政府机构与当地社区相互结合，例如共同管理。这种机构可能已经存在，但可能需要加强，或者可能需要由社区新建（如果这样更好的话）。这可以与政府机构合作开展。很重要的一点是要避免建立重叠的治理结构。此类机构提供一个平台来公开讨论社区规范、规则及程序事宜，它们是改进社区治理的工具，也是对权利持有者和义务承担者（既包括传统的，也包括国家权威机构）进行责任追究的工具。特别是根据包容性、可问责、透明及可持续利用的目标，它们是治理和管理公地不可或缺的工具。

国家立法应当确保充分代表所有公地合法权属权利持有者（至少由选出的代表代行权利），并能够参与管理结构，无论其采取何种形式。这对于生计依赖公地的无地者、妇女、青年、老年人及其他社区边缘化群体而言尤其重要，当然对游牧民等群体也是这样。例如，法律要求管理机构和领导结构要包括一定比例的女性，这样社区才能取得合法身份。

⑤法律框架应当确保传统权威被纳入到包容性、透明和可追责的社区结构之中，避免他们劫持或支配社区机构和滥用其权力。应当保持足够的灵活性，允许传统权威根据其在特定当地背景下的合法性，以更加透明和可问责的方式继续发挥领导作用。然而，如果当地权威比较薄弱和腐败，可赋权其他当地利益相关方，必要时由政府代表，通过与社区更广泛、密切的磋商而达成一致，对其作用进行限制。例如，传统权威代表作为不经过选举产生的成员参加到包容、透明的管理机构之中。这样，传统价值、知识及领导权仍可得到尊重和使用，权威也可以被问责，这将为改进领导工作创造机会。

案例 1
社区土地保障情况如何?
非洲地区对公地的法律认可情况概览

Liz Alden Wily

非洲地区近80%的土地为社区土地，这些土地中91%为农场以外的牧场、森林及沼泽地，传统上为集体所有和使用（Alden Wily, 2016）。自1990年以来，54个非洲国家中有21个国家（39%）改进了对社区土地的法律认可，另有13个国家（24%）正在修改法律。数以百万计的非洲农村人口越来越多地建立联系并跨越边界，更担心权属不安全带来的后果。国家将城市周边的农村土地分配给开发商，并将更大的区域划拨给本地及跨国农业企业，这些情况成为主要的诱因，造成公众要求得到法律认可，承认这些土地已经是有主土地，并且按照社区制定的规范管理，国家必须予以尊重。

虽然对于受影响的 7 亿农村居民中的大多数人来说，这一承认仍然十分有限，但积极的新的法律先例已经建立起来。它们是：

（1）承认社区土地已经有主，以及源于社区的权利为财产权，并在国内法律中作为财产权加以保护。这意味着证明社区土地为无主物的责任落到了国家身上或者社区之外希望获得土地者的身上，未经合法程序不可以随意占用土地，有关程序必须经过本地化和参与式的调查过程（战略 1、2 和 11）。

（2）不将上述非农场土地排除在获得承认的范围之外，例如森林、林地、牧场或其他传统共享的土地（战略 1）。

（3）建立起免费或真正可负担得起的、本地可获取、简便易行的程序，如果他们愿意的话，通过该程序，社区（或在适当时，成员家庭）可以很容易和正式地登记他们的权利和土地（战略 2 和 3）。

（4）直接规定集体权利可以向个人权利一样容易登记，以便于社区、家庭或其他群体既不需要分割他们的土地，也不需要被迫登记一个法律实体以便保有其所有权（战略 1）。

（5）承认社区机构作为源于社区权利的合法权威，并在国家监管之下支持这些机构。这往往包括设定新的条件以确保决策更具包容性和民主化，并将侵犯人权的传统做法确定为非法（战略 1、6 和 7）。

研究确认了 14 个国家至少制定了三项上述法律（Alden Wily，2016；另见非洲国家数据：http：//www. landmarkmap. org）。几个法语国家（马达加斯加、贝宁，特别是布基纳法索较为突出）积极设立了当地框架，社区权利可以在此框架下得以确认和登记。东非英语国家（包括乌干达、坦桑尼亚、南苏丹和肯尼亚）在以下方面取得了显著的进展：制定明白无误的法律声明；宣布传统土地权利，包括家庭及其他集体权利；与依据国家设计的体系授予的财产权利具有相同的法律效力。莫桑比克也这样做了。

在改进做法方面，坦桑尼亚是一个好例子（见 http：//www. landmarkmap. org/map/#x=78.42&y=−10.64&l=3）。这是因为它将对于传统权利的承认与支持此承认的社区机构发展结合起来。在进行土地改革之前，经选举产生的村庄政府已经出现，利用这一优势，2002 年，《村庄土地法》宣布这些机构作为各自村庄范围内所有土地权利的合法管理者。这些村庄占该国国土面积的 70%，因此将每个村庄的土地区域正式确立下来成为一个优先重点工作。每个村庄政府可以建立一个村庄土地登记册，将权利登记在案，并根据申请发放证书。然而，任何个人、家庭或其他权利都不可得到确认，除非社区大会（所有成年人参加的季度会议）登记了所有村民的共同财产，并制定了使用和处置规则。这些财产通常为村庄共享的放牧地、林地、沼泽及公共服务区域，临近村庄之间可能达成协议共享获取和利用权。游牧民的传统获取权不能被拒绝，但可以商定有关条件。法律规定村庄政府如何管理土地事宜，以及如果外人，包括当地或中央政府，想要获取社区土地的任何一部分需要遵循的程序。传统规则可能适用，只要不违背宪法原则。包括所有权在内的传统权利还可以适用于保护地，例如那些划定作为森林或野生动物保护区的土地。并无任何法律依据禁止社区通过与保护区主管部门达成协议而拥有一片国家重要的森林或动物保护区（战略 1、3、6 和 11）。

现在需要提高人们享有其权利的能力。很多农村社区对于他们的权利并不知晓，可能会被一些领导者误导，或者太过于轻信土地购买者和投资者的许诺。同样，法律本身在一些关键点上也可能相互矛盾。有人宣称，存在当局可能重新划定村庄边界的情况，以便为投资者终止甘蔗或其他经济作物腾出土地。国家公园管理局多次扩大了公园和保护区的范围，深入附近的村庄土地，最后证明其目的是为了开发私人酒店或商业性狩猎（见 https://intercontinentalcry.org/just-conservation/）。诉讼案件开始增加。

在坦桑尼亚以及整个非洲大陆，各个社区日益认识到并在宣传：虽然改革法律是一项关键目标，但提高对社区土地权利的认识和警觉性将永远必不可少（战略 9）。

延伸阅读：

Alden Wily，L. 2012. From State to People's Law: Assessing Learning-By-Doing as a Basis of New Land Law. *In* J. M. Otto and A. Hoekema，eds. *Fair Land Governance*: *How to Legalize Land Rights for Rural Development*，pp. 85 – 110. Leiden，Leiden University Press. （可在下列网址查看：http://press.uchicago.edu/ucp/books/book/distributed/F/bo13215775.html）

Alden Wily，L. 2014. The Law and Land Grabbing: Friend or Foe? *Law and Development Review*，7（2）：207 – 242. （可在下列网址查看：http://www.degruyter.com/view/j/ldr.2014.7.issue-2/ldr-2014-0005/ldr-2014-0005.xml? format＝INT）

Alden Wily, L. 2016. Customary tenure: remaking property for the 21st century. *In* M. Graziadei and L. Smith, eds. *Comparative Property Law: Global Perspectives.* Cheltenham (UK), Edward Elgar.（正式出版前可在下列网址查看：https://www.researchgate.net/publication/285584601_Customary_tenure_remaking_property_for_the_21_st_century）

3.1.2　战略2：强化或建立法律框架，聚焦于程序规则，以适应公地权属权利的复杂性、多样性和灵活性

（1）理由。

公地权属权利以及管理此权属的习惯体系非常复杂、多样化和灵活。对于此类灵活重叠的公地权属权利必须认真考虑，这一点至关重要，以便确保所有资源使用者对公地享有保障及平等的权利。例如，将排他性所有权赋予某一个使用者群体，可能会损害许多其他公地使用者的使用权。此外，适当和可持续管理规则及公地利用要求因地制宜、灵活调整。国家立法要将这一点考虑进来，为此类灵活性和多样性以及传统社区规则本地调整留下足够的法律空间。因此，法律框架的属性应当首先是程序规则，而不是实体性规则。这意味着法律应当更少关注什么该做、什么不该做，而应当更加关注如何做以及通过什么程序使实体性规范在地方一级建立起来。

（2）具体建议。

①程序规则应当确保社区在对公地及相关权属权利做出决定时遵循一定具体的最低要求。这些程序上的最低要求需要与《准则》中的原则保持一致，以便确保脆弱群体及边缘化群体的利益得到尊重、相邻社区的合法利益得到考虑、传统权威可追究责任、公地以可持续方式管理等，且其他相关法律得到尊重，如环境法律。

②涉及公地的程序规则应当涵盖：决策机构的构成；参与、沟通与磋商；规划和监测；冲突解决机制。此类程序权利使下列事宜成为可能：获取公地管理信息；参加会议并发言和投票；当选为决策机构成员；主张和享有公地实际使用权；在权利受到侵犯时得以申诉和追索；与其他权属权利持有者谈判和实现互利互惠。需要程序权利来确保实体权利不仅仅停留在纸面上，而是实实在在付诸实施。这样的程序规则为社区提供了法律空间来界定和达成规范公地利用和管理的实体权利分配的规则和机制，且据此将这些权利分配给不同使用者。

③国家法律框架中公地相关的程序规则应当参考适用于习惯法的程序，并将其整合起来，以支持公地可持续管理实践，并且不与包容性和可问责的治理

规则相抵触。整合习惯法和成文法体系意味着两个体系都需要进行改革，以便符合《准则》中确立的人权标准。涉及公地的成文法不得损害习惯法，而应当参考并支持习惯法。同时，习惯法不得歧视弱势、边缘化和脆弱群体，诸如妇女、无地者、牧民及其他社会群体。这一点同样适用于合法的传统机构和结构，例如冲突解决机制（战略9）。整合还有助于避免适用法律时的"平台挑拣"，即人们选择对于自己最为有利的法律体系。

④实体规则对于确保考虑基本和一般适用的原则以及最低要求必不可少。这些最低要求包括环境可持续性、性别平等、尊重少数群体利益，以及公地权属权利转让方面的限制等。实体权利指的是公共资源获准利用，例如，包括女性、男性或无地者在内的不同权利持有者的放牧权和采集薪柴的权利。这些实体权利可能包含权利转让的权力，例如，继承。它们在法律效力、安全和排他性上可能存在差异，例如，生长季节耕地的排他性使用以及在休耕季节的共享放牧权。公地实体权利的分配会影响诸如女性是否拥有平等的公地获取权。

案例 2
萨米人的游牧传统及公地概念

Ivar Bjørklund

Tromsø Museum，特罗姆瑟大学

居住在北欧斯堪的纳维亚北部的萨米人的游牧传统指的是他们以驯养驯鹿作为其主要生计来源的一种生活方式。这一适应过程传统上是通过灵活的管理系统实现的，这个系统被称作"希达"（siida，意为"驯鹿牧区"），它是围绕波动性成员身份建立在双边亲属系统基础之上的。这个系统使其得以建立起灵活的劳动群体，可以管理获取牧场和动物的波动性。土地属于国家所有，而驯鹿则是个人财产。这一灵活的组织形式使之可以根据年度周期优化人、驯鹿、牧场之间的关系。作为一个相对自治的权属体系，这些非正式放牧机制一直存在到今天（Bjørklund，1990）。

就其集体权属权利而言，萨米人的习惯法里包含这样的规定：一个希达全年可以使用某些特定区域，但其他人也可以根据具体环境和非正式的协商，利用其中的资源（如牧场、鱼类、猎物）。换言之，萨米人的管辖权和对公平正义的感知融合在其放牧行为之中（Marin 和 Bjørklund，2015）。

然而，由于放牧驯鹿群在 20 世纪初与国家政府的利益出现了冲突，斯

堪的纳维亚各国政府开始控制放牧行为。跨越国境以及与农业生产的冲突导致政府制定了旨在限制和控制萨米游牧民及其对草场的获取的法律措施。这一进程标志着融入国家之中的政治经济整合，该进程如今仍在继续。这一发展进程并非在每个斯堪的纳维亚国家中都是一模一样的，但所有的措施都有一个共同点，那就是忽略了萨米人自身的传统管理形式——希达。虽然希达在灵活的土地和牧群管理系统中能够发挥作用，政府当局却引入了固定的行政单位，限定放牧草场范围。这些单位向国家负责。在瑞典，这些单位称为"萨米村"（samebyar），在挪威称为"驯鹿放牧区"（reinbeitedistrikter），而在芬兰则称为"驯鹿饲养组"（paliskunta）。就这样，两个体系并行了约一个世纪，基本上互不理会。

瑞典和挪威分别于1971年和1978年引入的《驯鹿畜牧法》标志着土地和管理权的一次重要模式转变。一方面，驯鹿放牧成为萨米人的排他性权利，行政单位的成员获得特定的权利在限定区域范围内放牧或捕鱼。另一方面，萨米游牧民的集体或个人习惯权利未得到承认。他们的所有放牧行为现在都要依赖于国家政府的立法决定。

不仅如此，在挪威，他们的冬季牧场（该时间段归国家所有）现在被法律界定为所谓的"公共牧场"（fellesbeite）。然而，这一"公共牧场"被理解为一个开放区域，而不是受制于基于传统的集体管理方式以及在不同希达群体之间的非正式土地分配。因此，由于有的牧民依仗这一法律规定开始占据别人使用的放牧区域，而导致冲突日益增多。

此外，由于对冬季牧场作为所谓"公地"的法律理解，导致了驯鹿数量被迫减少，以避免当局界定的所谓"公地的悲剧"。其后果是，这些规定进一步侵蚀了传统萨米人管理系统及其习惯法原则，并造成了牧民和当局之间的政治冲突（战略9）。

随着对牧场侵犯进一步发展，法院开始接到诉讼，土著萨米人的传统权利问题在过去二十年间越发突出，尤其是涉及国际人权公约规定，挪威也是缔约国。得到解决的若干诉讼案件的结果是到现在为止承认牧民的传统做法和权利，但这一法律澄清是否会触发政治和法律变革仍有待观察（战略1）。

关于挪威最北部地区芬马克郡政府存在争议的土地所有权，以及遵照国际人权公约［例如《国际劳工组织关于独立国家土著和部落居民的公约》（第169号）］的义务，2005年的一部新的法律将芬马克郡界定其为居民所拥有。所有牧场土地现在均由一个委员会管理，萨米人议会和挪威地区委员会（Fylkestinget）各有三名代表作为管委会成员。然而，由于在同一区域存在竞争性既得利益集团，例如采矿、风电及旅游需求，委员会所做的决定并不总是符合萨米牧民的利益。

从萨米人的情况中得到的经验教训包括：

（1）政府将牧民整合到国家官僚体系之中的举措造成了严重的问题。灵活的放牧单元不适合国家政府的行政体系（战略1、2和3）。

（2）通过法律界定萨米人的冬季牧场为"公地"，即允许开放进入所有萨米人牧场，牧民之间的冲突就被制造出来了，因为新的界定不承认土地利用的传统放牧实践方式（战略1、5和8）。

（3）为了解决已有的冲突和防止发生新的冲突，建议对萨米人的土地权利和传统管理方式给予法律承认（战略1和9）。

延伸阅读：

Marin，A. & Bjørklund，I. 2015. A tragedy of errors? Institutional dynamics and land tenure in Finnmark，Norway. *International Journal of the Commons*，9（1）：19 - 40.（可在下列网址查看：http：//munin. uit. no/bitstream/handle/10037/7977/article. pdf? sequence=1&isAllowed=y）

Bjørklund，I. 1990. Sami Reindeer Pastoralism as an Indigenous Resource Management System in Northern Norway：A Contribution to the Common Property Debate. *Development and Change*，21（1）：75 - 86.（可在下列网址查看：http：//dlc. dlib. indiana. edu/dlc/bitstream/handle/10535/1594/Sami _ Reindeer _ Pastoralism _ as _ an _ Indigenous _ Resource _ Management _ System _ in _ Nothern _ Norway. pdf? sequence=1）

3.1.2　战略3：在协商和包容性当地进程基础之上对公地利用的规则达成一致，并对其边界进行制图并登记

（1）理由。

通过适当地实施立法来确保公地权属权利依赖于两个相互关联的前提条件。首先，公地法律认可要求对公地边界进行制图，并对不同使用者群体的合法权属权利进行登记，例如牧民、渔业社区和农民等群体。第二，实施要求对公共土地、渔场和森林利用的明确和受到尊重的规则达成一致意见。这种协商达成的一致意见往往是法律登记的基础。与此同时，法律登记可能是确保协议得到普遍尊重的一个重要前提条件。这两个前提条件——制图和登记，以及确定集体治理规则，最佳建立途径是一个本地参与和协商进行的空间规划进程，让所有合法权属权利持有者都能参与进来。空间规划、自然资源管理计划和边界地图相互结合起来，能够支持合法权属权利持有者以可持续的方式管理公地，并

保护其权利不受侵犯。

（2）具体建议。

①社区应在国家主管部门的支持下参与到参与式和基于当地的空间及自然资源管理规划进程，以划定公地范围、制定社会和地理边界地图，以及制定以可持续、包容性及有效的方式利用公地的规则。这一计划进程应当在考虑原有规则的基础上，是在所有公地合法权属权利持有者及相邻资源使用者之间达成协商一致的结果。公地的制图应当源于一个基于当地的包容性进程，包括对以下内容进行分析并达成一致：

a. 社区的社会和地理边界，包括持有公地合法权属权利的所有不同社会及利益群体，以及集体治理公共资源权属权利的各方。边界既可以是固定的，也可以是流动的，可以多种方式界定，例如，地理区域、利用时间段、工具类型、收获规模、群体成员身份。

b. 多重和灵活的资源利用模式、缓冲区和未来的需求以及相关的权属权利。

c. 与合法权属权利持有者有关的文化和社会性场地。

划定公地范围一般还意味着界定个人使用区域范围，包括个人使用区域的特定规则以及对个人使用的区域可能允许一些集体的权利主张，例如牧民的通过权利或进入取水点的权利。

地图和相关的权属记录将登记公地边界、不同权属权利、权属持有者及资源利用。制图和规划进程可由一个建立在社区基础上的自然资源管理委员会或其他集体机构管理（战略1）。国家主管部门可能需要介入进来，必要时与民间社会组织合作，以便提供技术信息和指导，并确保计划实施得到必要的服务。国家还需要确保地方程序符合法律及更高级别的空间规划及目标，以及包容性、透明及可持续原则（战略1）。鉴于国家主管部门（例如土地行政及自然资源管理部门）可能有自身的议程，可能需要民间社会组织的介入以便支持计划制订进程。民间社会组织还可以帮助确保所有利益相关方及合法的权属权利持有者均能参与进来，并能够代表他们的利益和记录他们的权属权利，保证他们在边界谈判中不会受到歧视。这对于脆弱群体尤其如此，包括妇女、无地者及临时资源使用者等。

国家主管部门应当承认各种类型的当地合法证明材料（例如地图、历史记录、口头证明），并支持当地适用和可负担得起的技术，例如全球定位系统（GPS）、手持设备制图、权属登记软件应用程序、正色摄影，以及必要的财政资源。如出现冲突，国家主管部门应担当调解角色，对于长期延续的争端，应提供法律服务。

②下面列出了可以在自然资源管理规划过程中讨论和达成一致，并在社区规范或细则中予以登记的要点：

· 登记所有公共资源合法权属权利持有者、他们的权利及对公共资源的具体利用方式（包括资源类型、利用方式、时间节点和持续时间），以及对于公平获取和利用的共识。对于毗邻使用者的合法权利也应当予以登记。

- 所有资源使用者对公地可持续利用和管理的计划、规定和最低环境标准。为此，建议识别、登记和考虑经过时间检验可持续的传统管理方式。

- 谈判的原则和工具，包括互惠、收费系统及未来谈判的频率。

- 利益分享安排，尤其是对于社区无地成员，例如针对利用社区森林采集薪柴及非木材林产品。

- 一份如何从公地长期获得收益的计划，例如关于公地商业化利用的共识以及期望在加工设施方面进行的投资，以便开发当地价值链（战略 10）。

- 针对自然资源管理计划、国土计划、土地使用计划或其他类型可持续利用计划实施情况基于社区的监督标准；与之类似，还有关于生产进程所涉及的自然资源条件的标准，以及违反规则和协议的制裁标准。

③鼓励合法的公地权属权利持有者申请登记公地区域及相应的集体权属权利。公地区域和相关的集体权属权利应在官方登记部门登记注册，以便获得法律保护，避免权利受到侵犯。公地应当以一个法律实体（例如，自然资源管理委员会或其他集体机构）的名义登记，该实体代表所有合法的公地权属权利持有者，而不能以某个人（如一位传统领导者）的名义登记（战略 1）。缓冲区也可以毗邻法律实体的名义登记，同时匹配程序规则以确立缓冲区的治理结构。关于公地合法权属持有者（社区成员）的不同权属权利及资源利用方式的协议不应登记在官方登记机构，而应当在社区议定书或细则中进行记录（见第②点）。如果集体权属权利在依托于个人使用的区域内，则集体权属权利应得到明确的承认，而不应在登记个人权利时被取消。

案例 3
柬埔寨的社区渔业：克服沿河公共渔业边界争议的挑战

John Kurien
印度，班加罗尔，阿兹姆·普雷姆吉大学

"柬埔寨当前的渔业权利系统是世界上内容最为丰富和发展得最好的社区渔业系统。"（欧盟驻柬埔寨代表在 2015 年于暹粒举行的 FAO/联合国使用者权利大会上作上述表示。参见：http://www.icsf.net/images/samudra/pdf/english/issue_70/252_Sam70_E_ALL.pdf pp.34-41）

在水生环境界定权属边界是一个艰巨的任务。当需要应对季节性波动性大的动态水陆交接情况时，难度就更大了。虽然如此，由于政府全面控制所有此类地形状况下的权属，它可以利用此优势掌握沿河社区公地权属与不同权利组合分配的权利，以便沿河社区获取和管理此类模糊地带。位于东南亚的柬埔寨所开展的大胆探索在这方面开辟了新道路。

柬埔寨丰富的水生资源是大湄公河流域的一部分，是地球上最不同寻常的生态系统之一。该区域的核心是洞里萨湖——东南亚最大的淡水湖，也是世界上水产最丰富和最具生物多样性的淡水水域。在每年6~9月洪水旺季，季节性季风降雨导致湄公河及其支流溢出主河道。每当此时，洞里萨湖（现已被确定为联合国教科文组织生物圈保护区）就从2 500平方千米扩大到超过16 000平方千米，占柬埔寨总面积的7%。在这样的条件下界定微观层面的边界虽然不是不可能，但也非常困难。

洞里萨湖中鱼类资源非常丰富，为柬埔寨人口提供了食物来源，使柬埔寨成为世界上消费内陆鱼类最多的国家。1863年，当时的法国保护国为产量最大的湖区引入权属权利，通过拍卖向个人提供控制大面积湖面的许可。这给政府带来了可观的财政收入，但直接收益落入了个人小团体的腰包。湖面所有者与贫困村民之间围绕捕鱼权利的冲突始终困扰着整个湖区。这一长期持续的局面终于被打破，在2000年变化尤其剧烈。柬埔寨首相突然宣布，原来由几百个有权势的个人所有的捕鱼湖面许可证中的一半被取消，并将捕鱼权利赋予成千上万贫困农村家庭。该行动立即为当地沿河社区赋权（战略1和4）。

这是一场由政府支持的渔业改革。第一步就是在渔业局内部设立社区渔业发展办公室。该办公室迅速着手，经过与民间社会、国际发展伙伴及有关社区磋商，在《渔业法》框架下制定一份部门法令，创立社区渔业机构（CFi）。与此同时，很多社区受到新获得的资源获取自由的激励，启动设立新的社区渔业机构的进程，有时候还得到非政府组织的支持。为此，他们向当地渔业局提交了一份由利益相关成员签字的"利益诉求请愿书"，同时附上一份手绘的所主张的公地区域地图，其中通常包含动态的水陆地形。渔业局会相应开展调查，对请愿者的诉求进行评估，安排开展对边界的大致核查，并在30日内给出初步批准或驳回的通知。如果获得批准，渔业局将着手在一份部门行政令中对相关成员的权利和责任做出规定，并予以发布（战略1、3和6）。社区渔业机构要想得到农业、林业及渔业部的正式认可，必须开展下列工作：

在渔业局的支持下，社区成员成立全体大会。全体大会启动一个民主程序来决定其社区渔业机构的名称，设定其目标、内部规则及管理规范，并从成员当中选举产生一个社区渔业机构管理委员会，制定所有成员及委员会名单。为了绘制一份合格的地图，需要在渔业局和毗邻社区配合下对社区渔业机构的区域进行物理制图，以避免潜在的边界争端。地方主管部门、相关非政府组织及技术机构通常提供财政支持和制图技术支持。正色摄影制图技术被广泛报道采用，当然这也是在国际发展机构的支持下开展的。大型水泥界标被安置在常年淹没于水下的地点。

一旦正式在农业、林业及渔业部登记，一个社区渔业机构在官方承认的三年期内就拥有其经过地图确认的管辖范围内渔业区域的排他性利用和管理权利，且三年到期后可以续延。社区渔业机构的渔业活动严格限于生计目的，允许合法使用小型渔网和陷阱网。因此，在这一生机盎然高产的生态系统中过度捕捞的风险很低，每一个渔业社区机构都被要求制定自身的管理计划，规定它将如何利用和保护公共区域和资源。这一计划包括对区域内不同生态系统的仔细盘点，列出不同的鱼类品种及季节变动，明确社区成员可以捕捞的渔业资产总量，并对可持续获取的资源产出进行粗略评估。社区渔业机构的所有共有权人都必须保护公共资源免受伤害。所有的渔业社区机构都有由社区成员组成的巡逻队进行巡逻（战略1和3）。

近期开展的评估表明，这带来了许多较小但却很重要的"公地的福祉"，包括为妇女带来更多的就业和收入机会，以及无数广为分布的成功的动植物保护计划。自助信贷和储蓄小组帮助促进满足重要的家庭需求；公地的治理培养了新的农村地区领袖，强化了集体行动的优点，使冲突和战争期间普遍存在的"信任缺失"状况大为改观。但仍然有一些挑战需要克服，例如非法捕鱼之祸及由此产生的冲突。虽然制定了争端解决程序和分级制裁措施，但与强权者的力量相比，共有权人的意愿往往相形见绌。另外一个值得关注的问题是对这样一个组织作为"渔业"机构的限制性界定，与此同时大部分共有权人仅仅为消费目的而捕鱼，却要依赖农业及其他服务产业活动作为主要生计来源。

2012年，柬埔寨首相在看到他之前发布的政策在营养、经济及社会方面为社区带来广泛累积的好处之后，将剩下的一半渔业收回，转变为洞里萨湖的保护区，从而完成他的改革。用他的话说，其目标是"保护湖中承受压力的野生渔业，这是成千上万生计型渔民赖以为生的资源"。如今，柬埔寨共有500多个社区渔业机构，但并非所有这些社区渔业机构都作为"充满活力的公共资源"机构发挥作用，因为缺乏领导以及民间社会及发展伙伴的及时支持，许多仍然只是"空壳"。然而这些公共资源面积超过85万公顷，覆盖全国25个省中的19个省，共有权人数量达18.8万人，其中6.1万人为妇女。这一现代公地框架，以及成千上万共有权人在过去15年中合作的丰富经验，已经构成了一个巨大的社会资本，如得到正确的协助支持，可以在未来加以利用（战略10）。

延伸阅读：

Fisheries Administration of Cambodia. 2013. *Participatory Assessment of Community Fisheries*. Phnom Penh.

Kurien, J. & Khim, K. 2012. *A Community Future：A participatory national-level information gathering and consultative process attempts to develop guidelines for Cambodia's.*

small-scale fisheries. SAMUDRA Report No. 63. Chennai（India），International Collective in Support of Fishworkers.（可在下列网址获取：http：//www. icsf. net/images/samudra/pdf/english/issue_63/3795_art_Sam63_E_art02. pdf）

Kurien, J.，So, N. & Mao, S.O, 2006. *Cambodia's Aquarian Reforms：The Emerging challenges for policy and research*. Phnom Penh, Inland Fisheries Research and Development Institute（IFReDI），Department of Fisheries.（可在下列网址获取：http：//ifredi-cambodia. org/wp-content/uploads/2004/01/Jurien_etal_2006_Cambodia_Aquarian%20Reforms_Eng. pdf）

3.1.4　战略4：建立透明的政策制定和法律制定进程，使社区和民间社会组织可以参与进来

（1）理由。

政策制定和法律制定通常是高度冲突的进程，强力行动方，例如国家或地区精英，竭力对这一进程施加影响，以捍卫自身既得利益。因此，必须建立一个透明、包容和审慎的立法进程，以确保所有利益相关方和公地权利持有者的声音，包括男女老幼，都能被考虑进来，这一点至关重要。这样的进程可改进政策和法律的质量，并使之与当地情况相适应。它可以确保更加公平，并促进集体行动，减少潜在的腐败，将特权群体的不当影响降到最低。它还可以提高合法性和主人翁意识，最终提高立法的有效性（FAO和国际热带木材组织，2005）。为此，必须有一项专门的法律来确保这一政策及法律制定进程透明、包容和审慎，同时参与这一进程得到国家和非国家行动方

支持。

（2）具体建议。

①为了确保有效地参与并以整体方式实现法律、政策、规则、程序或合同的起草及通过，立法需要纳入法律要求和规则为有意义的参与和审议开辟空间。国家通过立法应当确保：

- 告知并支持合法权利持有者和利益相关方，尤其是受影响的人口及民间社会组织，从而使他们能够接受并以适当的语言和方式参与审议。
- 合法权利持有者和利益相关方（至少通过正式指定的代表）能够通过一个多方参与进程从一开始就参与进来，并就核心原则达成一致意见，使其作为协商一致的框架发挥作用，指导立法起草工作和改革。
- 合法的权利持有者和利益相关方提前知悉何时提供反馈，包括在立法草案制定前和发布提请审议后。对于如何以及在哪里提出反对意见和建设性意见，均已明白无误地说明。
- 合法权利持有者和利益相关方须得到技术和法律支持，包括财政资源以及足够的时间，以便帮助其提出意见。国家提供所有必要的手段使支持能够到达基层。
- 在边缘化群体无法自由介入多方参与进程并发表意见时，可以考虑设立特定的联络组来确保他们的看法优先重点在法律和政策制定过程中得到考虑。

②即使在立法程序中包含参与式结构，权利持有者和利益相关方也可能很难参与进来，因而他们需要得到支持，以便成功地行使权利并参与其中。国家行动方、社区机构、国际组织及民间社会可以采取下列措施支持参与活动：

- 民间社会组织可以提高社区的认识，动员并支持他们提出立法改革要求，以确保公地权属权利，因为这可以提供参与选举的激励因素，从而鼓励政府和立法部门倾听他们的意见。社区自身需要在一开始提出政策变革的部分要求，为此，社区需要得到赋权以便表达他们的利益诉求并分享他们的知识和经验。
- 支持协助审议进程，评估目前的立法框架，并进行技术能力建设来起草适当的立法框架。民间社会组织可以引入一个中间地带，使政府和社区平等合作，审议和起草法律、政策和指导原则，规范公地登记、管理和利用。
- 支持权利持有者和利益相关方群体组织起来，构建网络、联盟和论坛，从而引入审议法律和政策的平台和进程，并讨论和选举他们的部门代表参与国家法律和政策制定进程。

3.1.5 战略5：开展宣传工作，支持公地权属权利

（1）理由。

宣传工作对支持承认和实施公地合法权属权利至关重要。宣传工作可以帮助提高认识及对公地权属权利的理解，并在公共和政治层面，以及文化、社会和个人层面，赢得对这些权利的接纳，包括解决价值观和态度方面的问题。它支持政治决策者通过一个包容性和透明的进程，创造或改革强有力和量身定制的公地立法，并改进执法结构，以确保法律的有效实施。

（2）具体建议。

必须从不同角度寻求在立法中推动值得期待的变革，以承认和保护公地权属权利。虽然宣传工作最终要指向政治决策者，但提高认识的工作要通过各种渠道开展。宣传工作可以由不同的利益相关方开展，覆盖范围从民间社会组织到政府顾问、捐助方和游说团体。民间社会组织，尤其是女性领导的倡议，将在支持公地的辩论中发挥特别的作用，它们将会展示出其在支持有保障的生计中的价值和重要性。科学家在提供可信和可靠的信息和事实方面将发挥至关重要的作用。当地、国家和国际媒体的报道应当被视为宣传可能影响立法文本内容的观点和证据的关键性工具。

①给决策者和大众的信息可包括（另见第2.2章节）：

- 公地在以下方面的经济价值：维持农业、渔业、林业及畜牧业生产系统；在困难时期提供资源安全网；加强农村生计，帮助减贫和支持粮食安全，尤其是在气候变化背景下。社区可以提供这方面价值的证明，例如通过计算购买所有他们当前从公地中获取的产品及服务的成本（Knight，2015）。
- 集体行动在冲突解决中做出的重要贡献，通过"社会契约"展示帮助强化合法契约，以及对于具有成本效益的自然资源在当地治理方面的重要贡献。
- 公地在公平、正义和社会稳定，文化身份和宗教意义，生计和福祉方面的社会价值。
- 公地在提供当地及全球生态系统服务、水的生产、野生动物栖息地、土壤保护及缓解气候变化做出贡献等方面的生态价值。
- 消除广泛流传的对公地的误解，例如"荒地"、闲置或未充分开发土地、"落后系统""悲剧"等。与此相反，强调社区权属治理作为个体及国家控制权属之外的一种可行的替代选择。
- 《准则》中的原则、规定和建议。
- 参照人权框架，确保食物权及其他相关权利。

②触及政治决策者及沟通简洁和针对性信息的工具，例如：

- 政策概述，指出政府的目标（或相关政党的政策指南）及其对公地的影响，

而不是冗长的文件。

- 表明承认和利用公地能够发挥怎样的作用，展示公地能提供哪些好处，以及如果不承认公地将会积累哪些不利因素的例子。可通过使用文字及视听材料来进行。
- 关于公地权属权利特定特征以及其对当地现实情况的重要性的材料。可通过短视频和动画短片进行。
- 传播关于国家的国际人权义务及相关条约的信息。

③记者尤其可以通过调研和写作等方式提供如下信息：
- 关于良好实践方式的吸引人的故事。
- 关于涉及公地不当使用的冲突和丑闻信息。
- 基于可靠调查结果的事实和数据。

④民间社会组织的宣传工作既指向普通大众也指向决策者。开展的活动可包括：

- 利用如公共磋商论坛和公共听证会、对政策及法律草案征求意见的邀请、在各委员会及多利益相关方平台中的成员身份及申诉渠道和监督机制等合法提供的参与形式下开展活动。在没有机会以正式方式参与进来的情况下，民间社会组织可以尝试及时获取立法草案的信息以便做出反应，调动公共舆论和利益相关方的介入，激发对关键问题的公共辩论，以及建立联盟。
- 通过传统媒体或社交媒体启动的公共解决方案、请愿和信息宣传运动。
- 交流经验的实地旅行，最好是到政客所在的选区。
- 与政治和行政方面的关键人员召开专题磋商会。
- 利用新闻发布会、广播及其他大众媒体。
- 在政策机构、民间社会、科技和媒体决策者之间建立网络，从而加强知识交流和不同视角的意见分享。
- 建立联系律师、法律及司法部门成员以及人权组织成员的网络，以便形成强有力的声音，提供对成文法和案例法的概览。
- 开展法律宣传以支持社区和权利持有者主张其公地权属权利。这可能需要时间，但能够带来渐进的裁决，从而引起国家法律框架的改革（战略9）。
- 支持合法权利持有者及其代表组织开展宣传，寻求在多双边协议及发展、环境和贸易计划中承认和保护公地权属权利。例如，"森林执法、治理和贸易自愿合作伙伴协议""减少毁林和森林退化所致排放量"（REDD＋）及其他减排协议、生态系统服务付费、区域一体化倡议、保护区计划。

漫长的立法进程往往要求拥有深厚法律知识、熟悉公地法律及基层经验的代表持续参与。

3.2　政府与权利持有者实施战略

3.2.1　战略6：强化或逐步建立包容性和问责的社区治理结构

（1）理由。

承认社区作为集体权利持有者有权利和责任治理其公共资源，要求根据《准则》中的原则建立合法、包容和可追责的社区治理结构（战略1）。这对避免被精英操控有所帮助，使传统权威能够主张和调整其作用，确保社区机构囊括并代表所有合法权属权利持有者。根据具体情况，这样的社区治理结构可能已经存在，或者需要进一步强化和逐步发展。然而，这可能会挑战已经在社区内根深蒂固的权利关系，即使所有利益相关方及合法权属权利持有者得到包容性的代表可能也不足以避免精英把控社区机构。因此，按照《准则》中的规定整合治理结构以适应国际人权标准可能需要社区机构具备新的能力。此外，社区团结一致和处理公地的规则往往会受到个体化、商业化、移民等进程及引入的相关政策的挑战。因此，加强社区机构和自我治理的进程需要通过能力建设、便利化和提高认识提供支持。

（2）具体建议。

①可能需要外部利益相关者持续提供支持、能力建设、协助和中介服务，直至包容性和可问责的社区治理结构在实践中得到加强、内化和付诸实施，同时脆弱和边缘化群体的权利得到尊重。地方政府和行业部委（例如土地利用规划官员）的代表应当提供并投身于技术咨询服务、能力建设和协助支持（另见战略8）。例如，培训得到官方认可的律师助理可以支持习惯治理结构和法定治理结构之间的融合，提供法律援助和咨询服务，帮助社区内部及社区与政府机构间解决冲突。在治理薄弱的国家，民间社会组织可能有必要通过协助支持和中介服务以及能力建设来支持这一进程。社区成员有效强化社区治理结构的能力可通过下列途径得到提高：学习机会，包括领导技能开发；可持续自然资源管理规划、实施和监测；为代表社区利益发声的代表机构赋权以及建立网络。

②提高社区对于公地的价值、公地权属权利及集体行动的认识能够发挥重要的补充和支持作用。社区成员自身或民间社会组织能够通过例如研讨会、公共节日、广播，以及利用影像和用当地语言讲故事等方式提高认识，以期解决根深蒂固的价值观、态度和习惯。相比于书面材料，这一做法可能触及更多人，尤其是流动群体和那些生活在边远地区的人，以及文盲和半文盲人口。

③制定社区规范和细则可能是社区以参与式方式建立公地治理社区内部规则的最重要的方式。这可能包括程序和实体权利、公地可持续管理规则以及公

平分享利益、地方决定的愿景和优先重点，以及如何与不同的利益相关方合作。确保制定此类社区规范或细则的进程以可持续方式由社区驱动，在决定是否采取这样一个进程时考虑当地情况，这一点非常重要。国家主管部门需要支持和确保社区规范和细则中规定的地方规则与国家宪法及《准则》的原则保持一致。社区规范和细则需要定期审查，可以帮助社区宣传和捍卫其公地权属权利，并与他人平等谈判。

④建立网络可以强化社区致力于以包容、问责和可持续的方式治理公地。在国家和全球层面均建立网络，可以帮助在关于公地权属权利认可和保护的国家和国际讨论中突出统一的社区声音，经验教训和成功做法可以通过这样的网络在社区之间有效交流。认识到他们的努力在全世界得到认可和支持，社区可以得到激励，从而进一步强化对公地的投入并参与联合解决问题。

案例 4
通过使传统统治者参与到关于土地的讨论
中来缓解公地管理中的社区内部不公平？

Téodyl Nkuintchua[①]、Bruno Mvondo[②] 及 Samuel Nguiffo[③]

本案例展示了在喀麦隆由传统统治者*领导的进程以更好地塑造其在土地管理中发挥的作用。该进程是非洲特有的：这是第一次由传统统治者自身提出重大政治改革的思想，同时确保保护和划定其当前权力边界，限制土地攫取的风险（战略1）。

近年来的经验表明，公地管理不公正的起点往往源于传统统治者作为公地管理者的责任。传统统治者造成的主要不公正包括将妇女及其他脆弱群体排除在外、对土地问题的不公正裁决，以及出售社区土地。在整个非洲，一个传统统治者将村庄一半以上的土地出售，已经不是什么令人吃惊的事情。在喀麦隆，精英阶层从地方土地管理者（如传统统治者）手中购买土地，既不符合法律程序也不符合传统权属规则，例如公地不可分规则，这种现象非常普遍。结果，全国范围内的传统机构正在失去其信誉，面临权威的逐步崩塌。

---

①③　环境与发展中心。
②　自然资源管理传统酋长网络／传统酋长国家理事会。

这种情况促使喀麦隆的传统统治者于 2012 年开始反思自己对农村公地的管理及相关的风险。他们要求一个全国性非政府组织——环境和发展中心，帮助他们制定土地权属改革建议。传统统治者之间进一步达成一致，该建议将作为第一步，随后还会有后续举措跟进，包括清楚地登记喀麦隆存在的十分多样化的种族土地权属系统。

传统统治者最初抵制公开讨论这个问题，主要是基于三个担忧：

（1）关于土地管理的思想认识深深根植于国家的文化之中，包括对土地、宗教思想、政治动态及其他方面的本土理解，其中有些是隐藏的，因而是不明确的（战略 1）。

（2）传统统治者担心由于喀麦隆文化的高度多样化，在他们当中开展任何讨论可能都会失败。

（3）因为殖民及其影响，剩下的传统权力精英和力量在过去 100 年中遭到严重的侵蚀和破坏。

为了解决这些复杂的问题，传统统治者希望这份建议保持充分的一般原则性，从而能够应对多样化；同时又能够足够具体，从而能够反映人民的现实情况。因此，传统统治者抓住喀麦隆正在开展的土地改革为他们提供的机会，制定了一份建议，列出了新的立法应当纳入规定的重要事宜：

（1）承认村庄作为一个完全的行政单位，以强化目前的权力下放机制，将社区视为最低一级的决策层级。

（2）承认村庄集体拥有其所在地土地的权利。其所有权，无任何特别的形式，根植于村庄自身的存在及周边村庄的承认。虽然集体所有权并不对抗个人所有权，但有必要限定个人能够拥有的最大公地面积。

（3）在涉及脆弱群体的问题上，承认习惯法在农村（村庄）土地管理中心的合法性。

（4）将社区财产权与资源开发需求脱钩，同时承认那些基于习惯法的权利。喀麦隆土地法与其他许多非洲国家的法律一样，规定只有当证明其用于农业、住宅及其他可见用途开发时才能被拥有。这对环境有害，自动取消了那些数百年来管理森林却没有造成什么影响的土著人民的资格。

（5）在土地及其他资源的管理中明确界定传统统治者的地位和作用。作为其社区的代表，传统统治者应当参与土地转让及投资监督，但不应当仅由他们来做决定。

（6）承认妇女的土地所有权权利。这要求在传统统治者与妇女群体开展全国性对话，因为讨论揭示由于传统土地权属和法律的错误适用导致了很多侵犯权利的情况。

这一建议提出一系列请求：区分农村土地和城市土地，以及将前者作为公地考虑；确保土地管理考虑人权因素；确保如果权利持有者参与关于土地使用的决策过程，农村土地管理只会有助于实现喀麦隆的发展目标（战略 7）。

传统统治者的倡议得到了积极的政治反馈，使他们更多地参与到关于土地及其他资源管理的辩论中。2015 年 1 月，喀麦隆总理设立了一个高级别委员会以研究他们的建议，以便就正在开展的采矿、森林和土地法律改革提供咨询。这是在喀麦隆的一个独特的进程。更重要的是，传统统治者提出的建议启发了另外 16 项关于土地改革的建议，这些建议由其他社会群体提出，包括妇女、土著人民、议会议员及民间社会网络。这些建议有一些共同特征，例如，需要将农村土地作为公地考虑；需要设立承认妇女权属权利的保障措施；需要根据当前保护人权的国内、国际法律发展及更新传统和适用方式；需要增强其他当地群体的权力，例如妇女、青年和土著人民（战略 1 和 12）。

为了利用这些有利因素克服精英操控的问题和社区内部的不公正问题，需要采取进一步行动。首先，不同社会群体提出的土地法律改革建议需要相互协调以便建立一个强有力的宣传议程，进而影响关于自然资源的新法律。这将通过限制传统机构的权利来实现，这样不仅有助于保障公地，而且还将有助于保障社区内部公正（战略 6 和 7）。其次，所有的传统统治者都需要相信有必要从各自的传统中去除不公正因素。下一步传统统治者预计采取的举措是跟进与其他社会群体对其提出的建议的讨论，记录被控存在的不公正，以及开始与不愿意改变做法的个别传统统治者谈判。只有经过所有这些内部和外部的谈判之后，他们提出的建议才能够最终完成审议并充分在土地法中贯彻（战略 1、2、5、6、7 和 12）。

* 喀麦隆的传统统治者是其社区指定的传统守护者。与此同时，他们又与国家的行政设置相联系，处于行政层级的最低一级。因此，他们的权威和合法性既来自于国家也来自于习惯政治体系和传统。

延伸阅读：

CED，ReCTrad and CNCTC. 2013. A proposal by Traditional Rulers on land tenure reforms in the rural areas of Cameroon. Ratified during the brainstorming workshop on Rural Land Tenure by Traditional Rulers and leaders of indigenous Communities. Yaoundé, 11 - 12 December 2013. （可从以下网址获取：http://www.cedcameroun.org/wp-content/uploads/2015/01/122013 _ Proposition-des-chefs _ EN.pdf）

3.2.2　战略 7：支持社区内边缘化和脆弱群体赋权，以有效利用社区机构

（1）理由。

考虑到社区内部往往根深蒂固的权利关系，社区内弱势群体需要得到支持和赋权，以便全面参与社区机构，充分利用其在新建立或强化的社区结构中的程序权利，这一新的社区结构将更具包容性和参与性。这对于妇女、青年、老年人、无地者及其他生计和粮食安全严重依赖公地者尤为重要。

（2）具体建议。

①想要在社区内为边缘化和脆弱人群赋权，政府机构必须提供支持。如果政府没有充分解决这些挑战，民间社会组织往往是支持赋权的最佳选择。能力建设和赋权往往是非常耗时的过程，因此需要长期介入和支持。除此之外，考虑到参与所需的费用问题（如时间、交通）对于脆弱群体而言影响最大，可能还需要提供外部财务支持。

②需要开展的任务包括进行能力建设需求参与式评估，以及进行权力分析以便确认具体的支持措施。评估必须覆盖涉及公地权属实体权利和程序权利的知识、技能、权力关系及态度。非常重要的一点是要充分考虑机构程序，作用和责任，对相关政策、法律和法律机制的知识以及资源管理的技术知识。有能力利用法律机制和及时获取司法服务对于脆弱和边缘化群体来说至关重要，以便确保他们的公地权利得到法律保障（见战略 8 和 9）。必须制定和实施能力建设计划和培训活动以解决这些需求和权力不平衡问题。还有一点很重要，即需要增强脆弱和边缘化群体的自尊，以便他们能够充满信心地表达他们的利益诉求和扮演传统模式之外的角色。

③支持组建利益相关方群体和网络也非常重要。这包括妇女俱乐部、青年群体和牧民协会。弱势群体往往是那些依赖公地的人，通常需要将自身组织起来，以便通过他们的合法代表，有能力和有信心地代表他们的利益。这些代表可能需要特别的培训以便履行其领导职能。来自不同地区甚至不同国家的共有权人之间进行经验交流往往非常有助于能力提升，这些网络和协会可以为此提供支持。

④这方面工作可以通过将社区中更有权势的成员纳入到讨论中来而加以补充。例如，讨论加强妇女权属权利的解决方案可能需要男性的参与。另一个步骤是开始与传统权威对话，讨论调整习惯法的方式方法，以便这些法律能够确保对女性公平公正。为此，传统权威和妇女应当参与进来，一起来区分一下哪些习惯做法对女性权利不利，哪些则是有帮助的。

有关这方面内容的进一步探讨，还可以参考第 1 号技术指南《男女土地治理》（FAO，2013a）。

3.2.3 战略 8：强化或发展政府官员的实施能力并下放人力和财政资源

（1）理由。

法律改革，例如旨在承认公地权属权利的土地、渔业或森林改革，并不是在实地层面直接生效的。政府行政和司法部门可能没有做好准备迎接新的法律或修订后的法律所要求的行政管理或管辖权的变革。对于公地来说，这些部门可能对习惯权利持有者抱有偏见或歧视态度，它们对公地及围绕公地问题的复杂性可能缺乏正确的理解，可能缺乏必要的技术知识来应对法律带来的新任务要求，可能不具备必要的人力、物质和财政资源来完成这些任务。它们还可能对旨在保护公地的法律改革的重要性和恰当性并不信服，因此可能不愿意做出努力来执行法律。

然而，政府行政和司法将对保障公地权属权利在各个行政层级有效实施发挥重要作用，这包括行政、司法、计划和支持任务。因此，国家级和次国家级的国家主管官员必须有能力有效执行，实施公地治理框架和支持将权利和责任下放给社区。这要求对国内、国际法律做出恰当的解读，具备技术知识和特定的司法能力，提高主管官员的认识，以及适当地分配资源。

（2）具体建议。

实现公地权属权利需要一个过程来发展和提升政府、议会和司法机关专门针对公地的能力和认识。这包括下列要素：

①政府需要提供所有关于知情或新的立法和政策的必要信息和指导，以确保所有负责土地、森林及渔业问题的政府官员、议会议员、法官、检察官和司法人员知悉法律，了解其对于各自发挥的作用和承担的责任方面的影响，清楚其目的，确信其重要性。对于立法的所有新的方面均需这样做，尤其是当涉及公地及其重要性和复杂性时，包括对传统权属体系及其多样性的知识。为了正确解读和理解法律，需要有针对性的培训班和研讨会、实用的实施指南和手册，以及知识交流平台。到公地管理良好的社区进行实地参观可能会对正确理解公地治理和管理以及相关的法律规定有所帮助。

②政府应当对官员，尤其是关于土地、渔场、森林管理的官员，以及对国家和地方一级的法官、检察官及司法人员进行技术知识及法律方面的能力建设，以便胜任法律要求的新任务，并符合新的机制和程序要求。能力建设要求可能有很大差异性，可能需要在对目前的能力和所要求的能力之间的差距评估的基础上进行界定。通常需要采取创新程序及相关技能的特定领域包括：

· 制定新的法律术语和概念以反映公地的复杂性。

- 参与式权属权利制图和记录。
- 登记的行政程序。
- 管理参与式土地利用、自然资源管理计划过程，特别关注公地可持续管理的计划要求。
- 根据集体权属的需求调整行政程序和形式。
- 针对公地相关争议的特定法律影响开展法律培训。
- 设立程序和机制支持司法正义的获取。
- 设立参与式监测机制和程序。

　　③除了这些任务外，在其他行动方如民间社会组织的支持下，国家还需要在支持社区履行公地治理和管理的新角色要求方面发挥作用。这要求在政府官员和往往不熟悉政府行政事务的社区之间建立某种互动关系。因此，政府官员、国会议员、法官、检察官和司法工作人员支持社区一级公地治理及确保社区遵守法律的技能需要加强。这涉及以下几个方面：

- 使这些行动方能够理解法律术语并确保遵守国家法律、《准则》的原则及相关国际法和义务的法律培训。
- 为在法庭上及登记时承认当地合法证据设定标准，应在国家层面及时审议和裁决争议。
- 培训代理人以便为脆弱和边缘化群体提供可负担得起的法律支持，例如法律诊所、移动办公室、律师助理。
- 指导如何设立和支持包容性多方参与进程。培训使政府官员能够开展参与式法律制定和政策制定进程，以及支持包容性和参与式公地制图。培训可以由民间社会组织、捐助方或政府机构提供，但应当由政府启动和提供财政支持。
- 为设立适当的对社区文化和精神价值观敏感的透明和问责机制提供指导，从而降低和避免公地自然资源不可持续及不公平的利用和开发。此类机制包括：申诉机制，例如负责调查侵权行为并向政府和社会进行报告的监察员；向公众开放记录和地图，通过在线或适用于当地条件的途径提供信息；进行培训以便设立独立多方参与监督和评价团队，其中必须包含来自社区机构的代表。

　　④为了与社区以参与式、可及和文化敏感的方式进行互动，政府官员、国会议员、法官、检察官和司法工作人员的能力建设工作还应当解决他们的态度和行为模式问题。这可以通过以下途径实现：

- 由社区网络（机构）、民间社会组织、国际组织或捐助方提供的指导计划。这些利益相关方在基层工作中积累了大量关于公地的经验，并且通常能够以适用于政府官员的方式将其知识加以组织。

- 通过实地参观、学习计划以及为政府官员、社区组织和民间社会组织提供网络支持,促进和支持其相互学习和知识交流。

  ⑤政府需要提高其执行力。这包括:

- 确认国家级和次国家级管理的预算项目,以及财政和人力资源在国家、地区和地方一级的适当分配。

- 培训相关工作人员,如国家和次国家级专门从事公地产权工作登记官、法官和警察,并为之提供资金。

- 开展警察能力建设,使其能够提供关于权属权利案件的充足证据,以便法庭对这些案件做出恰当的裁决。

- 开展法院的能力建设以便快速审判案件和避免案件超过诉讼时效规定时间。

- 发展警察服务,提供充足的人力和财政资源以及透明和可问责的机构,以便及时起诉和判决后及时收缴罚款。

- 提供充足的技术装备和财政资源,支持开展参与式权属权利监测,并将边远地区覆盖进来。

- 在腐败盛行的情况下,采取执法人员轮换的方式并定期变换负责权属权利实施的官员,或者从国家不同地区抽调执法联邦警察。

案例 5
通过多层次和全面的社区森林管理能力建设方式克服公地权属权利实施差距

Reymondo Caraan、Ronnakorn Triraganon、Chheng Channy、MaungMuang Than、Sokchea Tol、Bounyadeth Phoungmala、Warangkana Rattanarat 和 Kuntum Melati
亚太地区社区林业培训中心(RECOFTC)

在亚太地区,社区持有本地三分之一(34%)的森林法定权属权利(RECOFTC,2013)。这些森林土地面积达 1.82 亿公顷,依据当地社区森林协议正式管理。政府拥有和管理 57% 的森林——只要对法律进行适当的修改和提供政策支持,这些区域具有分配给社区林业的潜在可能。将林地权利分配给当地社区的趋势继续有利于超过 4.5 亿居住在林地附近并且生计与森林深度融合在一起的人口。

在自然资源退化和自然资源本地利益分享压力增加的情况下，东盟各国政府设定了一个集体目标：截至 2030 年将本地区森林中的 1 590 万公顷（6%）转交当地社区（RECOFTC，2014）。虽然这只是联合行动的一个开始，但早有先行者——越南和菲律宾政府已经认可了治理自然资源的当地机制的积极作用。他们建立了支持社区森林管理的法律框架，同时考虑了通过积极的政策支持和支持性实施手段进行土地分配进程的复杂性和耗时的特性（战略 1、3 和 8）。

在这一变革进程中，政府、社区及民间社会组织各方面的利益相关方能力建设对于在国家和次国家级制定、实施和执行新的权属安排工作至关重要（战略 8）。

亚太地区社区林业培训中心于 2009—2013 年开展的一次"能力建设需求评估"揭示了机构、组织及个人在社区林业开发方面广泛存在的能力差距，涉及以下几个领域：评估生物物理和社会经济条件；制订可持续森林管理计划；研究参与式行动；冲突解决和调解；政策宣传和改革；林业推广服务。

在亚太地区推动和实施社区林业安排的过程中，亚太地区社区林业培训中心能力建设中心在过去几十年中发挥了关键作用。该组织在泰国农业大学的支持下于 1987 年成立，作为社区林业的培训中心。随后在 2009 年，它被承认作为一个自治性国际非政府组织。如今，亚太地区社区林业培训中心的合作伙伴包括柬埔寨、中国、印度尼西亚、老挝、缅甸、尼泊尔、泰国、越南等国的政府和民间社会。

亚太地区社区林业培训中心的主要战略是与各国政府建立正式的伙伴关系，并与各国政府以及它们的合作伙伴（包括民间社会组织及地方社区）合作开展参与式、多层次和整体的能力建设活动。一个广受欢迎的计划是"社区林业倡导者网络"，亚洲各国林业部门政府官员相聚开展实地学习，以便能够体验和确认在本区域最佳和可复制的战略和干预措施，支持社区林业。这可以让他们在各自国家进行倡导社区林业政策与实践方式的创新变革（战略 8）。

基于基层的能力建设计划旨在加强社区林业网络在保证当地人民更大权利、为权利持有者提供支持和服务以及审议相应社区林业问题及负责任愿望方面的能力。例如，该区域的地方及国家社区森林使用者群体网络受益于它们与全球社区林业联盟国际网络之间的附属关系，也获益于亚太地区社区林业培训中心组织的社区林业联合研讨会和考察活动。通过这些活动，它们相互交流了实施社区林业、基于权利的做法及《国家粮食安全范围内土地、渔业及森林权属负责任治理自愿准则》等过程中取得的经验教训和有关战略。例如，在泰国北部，建立了从事基于社区的鱼类保护区管理及社区林业之间沟通联系的区域平台。这一平台——"森林集水区人民大会"，提供了一个表达本地关切问题的论坛，帮助地方人民确保其对集水区的权利。这一机构发出的集体声音还有助于保护森林集水区免受外部投资及倾向于将湿地社区森林转为工业开发特别经济区的政策损害（战略6和7）。

此外，在柬埔寨、老挝和缅甸，通过在次国家级和国家一级引入多方参与政策平台，权利持有者和责任人汇聚到一起，平等讨论社区林业政策及做法。此类多方参与平台，与其他能力建设计划一起，建立起了一支驱动变革的干部队伍，对该区域社区林业机构及政策的制定具有影响力（战略4和12）。

由一个区域组织与各国政府及社区密切合作开展参与式、多层次和整体能力建设，这种方式的流行，显示了亚太区域及其他地区各国政府对建立亚太地区社区林业培训中心日益增长的兴趣。

延伸阅读：

RECOFTC. 2013. Capacity Needs for Community Forestry. Findings from assessments in Cambodia, China, Indonesia, Lao PDR, Myanmar, Thailand and Vietnam. Bangkok. http：//www. recoftc. org/

RECOFTC. 2014. Current Status of Social Forestry in Climate Change Mitigation and Adaptation in the ASEAN region. Bangkok. http：//www. recoftc. org/

3.3 支持享有权利的战略

3.3.1 战略9：确保获得公平正义，承认和整合地方一级的机制，并支持开展法律宣传

（1）理由。

虽然防范权属争议总是值得追求的，但地方社区和人权捍卫者发现与公地有关的冲突非常普遍。对自然资源日益增长的需求和竞争以及个体化进程，往往导致政府、投资者、其他社区以及在社区内部对于公地的冲突。这些冲突经常侵犯社区权属权利，尤其是那些相对弱势的社区成员的权利。即使是边界制图和法律认可过程中的重叠权利也有可能出现冲突，因为这会使利益冲突暴露出来。在这种存在多重冲突方的复杂情况下，案件太多，加之地方实际情况与法庭之间距离遥远，以及习惯权属方式高度多样化，往往导致法庭不堪重负。

与此同时，社区往往由于严重的官僚体系、诉讼成本、腐败、缺乏透明度、距离办事处遥远、语言问题及漫长等待时间，从而得不到司法公正。地方机制，例如非国家的司法系统和替代争端解决机制，被证明很成功，但可能会被更强势的一方滥用。因此，政府需要确保在国家、区域及地方一级正常运转且可及的司法和法律体系，与人权标准保持一致，同时承认和整合地方层面的机制。国家还应当支持和认可社区和民间社会团体的法律宣传活动。

（2）具体建议。

①地方层面的争端解决机制可以提供一个成功解决冲突的场所，但应当与人权标准保持一致。世界上许多社区拥有根植于传统、本地或宗教制度的非国家司法体系和替代争端解决机制。这些机制往往更加可承受、更加快捷、更有针对性、对当地证据和文化更加开放、可以使用当地语言并往往做出全面的决定，同时努力实现体面折中以解决冲突。然而，经验表明，要做到可问责，地方层面的争端解决机制必须与国家立法及人权标准之间有很强的联系，并与《准则》的原则保持一致。为此，现有的地方一级的机制可能需要加以改革和调整，而负责实施和执行的人可能需要培训和能力建设。

②应当根据基层化原则，将地方一级的机制与正式的司法系统整合起来，在地方法院与国家法院之间分配不同角色。在纳入最基层正式司法体系后，地方一级的机制保留处理社区内发生的大部分争议的权力。如果案件不能在基层得到解决，或者冲突规模超出地方层面机制的授权范围，将会移交上级法院。地方层面的机制与更高一级的政府法院之间责任的分担必须通过立法规定。虽然具有法律约束力的法院判决是可执行的，替代争端解决机制可以在法庭之外提供争端解决调解服务。应当建立起一个社区和民间社会组织的申诉机制，报告侵权行为，例如设立一个当地的监察员。

③确保公地权属权利在遇到冲突时得到承认和有效维护，司法体系中包含一个强有力的申诉机制至关重要。政府应当确保地方一级的机制通过一个申诉机制与更高一级的法院密切联系。申诉权利确保申诉者或被诉者在感到自己受到不公正对待时，其诉求能够到达更高一级。这一申诉机制在法庭上承认当地合法证明和法律证据方面展现出灵活性，例如权属权利和社会位置的历史地图可作为权属权利或不可侵犯的监管权利的参考点。

④政府必须为社区提供司法系统和法律服务的获取途径。为保证获取司法公正，政府必须确保提起诉讼的成本可以承担得起，并以及时、有效和透明的方式做出裁决。尤其重要的是，要确保脆弱条件下的边缘化人群能够平等获取司法公正。政府还必须确保人们可以获得法律援助以及将案件诉至地方和更高级别法院的信息，例如通过律师助理或流动法律诊所等形式提起上诉。政府还应提供和确保有效和可及的救济措施，包括问责机制、申诉机制、恢复原状、

赔偿责任、补偿和救济（例如为公共目的而剥夺的权利）。有效获取司法公正的实施要求对法官、法律工作人员及律师助理进行人权领域，尤其是公地权属权利方面的培训和能力建设。如果在司法体系内，实现地方复杂性相关知识主流化遇到成本或者腐败问题，政府可以考虑设立一个特别委员会来管理关于土地及其他自然资源的冲突。这一机制应包含来自所有方参与群体即合法权利持有人的代表。政府当局应当确保以上讨论的关于机构独立性和责任的所有指标得到执行。

⑤政府应当使社区和权利持有者能够行使其权利并利用法律系统。这包括支持社区、群体、民间社会组织及人权捍卫者提高意识和开展能力建设，以主张和执行公地权属权利，例如通过诉讼。对确认和实施法律促进战略，以及为社区及权利持有者赋权，帮助其代表自身采取法律行动，当地及国际民间社会组织提供帮助和支持至关重要。法律促进战略包括催化和介入法律案件、在国际人权框架下建立关于国家义务的观点以及建立渐进式法律体系和法律解读。将合法权属权利及其在当地生计中的作用与人权的其他方面建立联系，例如食物权、生存手段权、自决权、文化权利、平等权，可以实现循序渐进的法庭裁决，创造司法先例。这可以带来长远的影响，帮助权属治理国家框架的转型变革，例如在明确恢复原状的法律诉求方面。

有关该问题的进一步讨论，参见《负责任权属治理及法律：律师及其他法律服务提供者指南》（FAO，2016b）。

案例 6
南非德维萨-茨威比地区海洋公地保护、冲突及集体权利主张

Jackie Sunde
开普敦大学

德维萨-茨威比是一处位于南非东开普敦海岸的沿岸森林保护区及海洋保护区。当地居民的祖先早在数个世纪之前就在保护区内的土地上定居。居住在当地的七个社区将这里的土地、森林、海岸线及相关的自然资源视为他们赖以生存的公共财产。他们与这片土地和海域之间的关系源于他们与其祖先之间的关系，并反映在他们的文化和传统权属系统之中。

在过去的一个世纪，国家以自然保护的名义剥夺了他们的土地、森林和海洋资源，这给他们的基本粮食安全和生计带来了破坏性后果。

1994 年，结束种族隔离之后，这几个社区开始了一场宣传战役，以要回他们的权属权利。他们与一个当地非政府组织之间建立了伙伴关系，该非政府组织支持他们提出对其土地、森林及海洋资源集体权属权利的声索主张（战略 5 和 9）。但一个非常强大的保护区游说团体强调，从国家更大的利益出发，该区域应当继续保留保护区地位。该社区被迫接受一个折中安排：他们的土地所有权得到承认，但该区域仍保留保护区地位。重要的是，安置协议规定他们对资源的可持续利用，规定他们作为政府的平等伙伴共同管理保护区，并规定他们可从保护区内的旅游业中获得收益（战略 1、10 和 11）。

然而，虽然他们的权属权利在 2001 年得到法律承认，社区的权利和安置协议中的规定并没有被付诸实施。政府宣布该区域为"不可开发的海洋保护区"，资源利用被禁止。社区采取了多种方式的战略来要回他们的权属权利。他们与传统权威及新的当地治理机构一起，向省级和国家保护区主管当局发起了一系列请愿行动。他们寻求从事人权和自然资源治理工作的非政府组织以及学术研究工作者的支持。这帮助他们在一个更大的支持网络帮助下开展策略性互动，其中还有一个提供人权诉讼服务的非政府组织为其提供支持（战略 5）。

法律资源中心（LRC）支持这些社区采用法律宣传和赋权举措。他们与社区召开研讨会，提高他们对其习惯权利的意识。他们使用一个刑事案例来捍卫社区的传统资源权利，在这个案例中，三个渔民被控在海洋保护区进行非法捕鱼。他们采取法律行动要求重新审查宣布海洋保护区的做法，强调社区参与磋商的宪法权利被侵犯这一事实。在他们的诉状中，这几个社区引用了一系列国家、宪法及国际人权法律文书，支持他们对习惯权属权利的主张。这对于本案的司法裁决产生了强有力的影响（战略 5、9 和 12）。

在法官的裁判中，法官指出，"南非新的宪法规定不仅开启了一场政治革命，也开启了一场法律革命。通过在宪法中纳入一项可诉的人权法案，众多法律，无论是公法还是私法，其合法性如今都可以用基本人权的标准进行检验"。他强烈表达了对保护区主管部门的批评，批评他们忽视了这些社区的生计需求。

社区利用国内和国际非政府组织网络确保这个案例为公共领域所知。这场诉讼仍在继续进行中。然而，面对法庭将进一步采取的行动，主管部门同意审查完全禁止利用海洋资源的规定。海洋保护区现在进行了重新区划，以便设立控制区，社区可以在控制区收获资源（战略 5 和 12）。

对于社区来说，这是他们拿回集体公地使用权和治理权斗争的重要一步，这既符合当地人民的利益，也符合国家整体利益。

延伸阅读：

Sunde，J. 2012. Living Off the Land：A case regarding the customary rights of fishermen In the Dwesa-Cwebe Marine Protected Area of South Africa could be a landmark. SAMUDRA Report No. 62. Chennai（India），International Collective in Support of Fishworkers.（可从以下网址获取：http：//igssf. icsf. net/images/samudra/pdf/english/issue _ 62/3742 _ art _ Sam62 _ eng-art01. pdf）

3.3.2 战略10：加强环境可持续和经济可行的公地利用方式，以便为社区成员保持和创造长期的利益

（1）理由。

在世界各地，人们依赖公地获取具体的收益，例如食物、饲料、木材、鱼类、生活和灌溉用水及传统药物，以及非具体收益，例如文化身份、社会网络、精神资源和环境服务。公地可以由社区保持，只要它能够给使用者提供这些利益，从而有助于提高生活条件、创造收入、保障粮食安全及提供文化身份。如果众多使用者个体不能继续从公地中获得利益，从而选择退出，公地整体就可能面临风险。重要的是，公地需要进行集体管理和可持续利用，由所有合法权属权利持有者共同参与，以便提供长期收益。更加可持续和有效的资源利用可能需要技术创新方面的投资（例如修建梯田、牧场升级、改进渔具）以及进入市场和价值链。往往当地小规模生产者自身是当地农业、林业相关活动、渔业及畜牧业的最大投资者（FAO，2012）。为了维持生计，他们需要获取可靠的服务（例如知识、金融、交通）以及改进公共基础设施（例如道路、供水、卫生及教育基础设施），支持在有效和可持续资源利用技能方面进行投资。

（2）具体建议。

①为了提供长期利益，收入创造活动方面成功的创新必须是经济可行、环境可持续和具有社会包容性的。这些活动必须确保采取包容性利益共享做法，确保所有需要的社区成员均能获取。环境可持续利用和管理实践方式必须位于集约化和创收活动的核心，以便为后代保留一个健康的自然资源基础。

②考虑到联合管理的公地利用系统，从公地中创造收入的创新战略必须建立在集体使用和管理（并可能实际拥有）土地、渔场、森林的整个社区共同愿景、承诺及所有权基础之上。社区可以考虑尝试进行展望未来活动，决定哪些地方需要创新，以便保持和加强生计资源，增加公地提供的收入。应当制定战

略，为社区投资战略及与外部服务提供者之间的互动提供指导和原则。外部服务提供者包括政府、捐助方、发展机构、企业等。创新需要确保平等和公平地获取资源及提高收入保障，特别是对于贫困人口。这一愿景还应对可持续公地管理以及对联合制定的规则遵守情况的监督体系做出规定。投资战略可能有必要做到差别化，既包括短期生效的战略，也有长期战略，鉴于当前许多自然资源的退化，可能需要依赖于积极恢复自然资源。这一认识可以在见证人的见证之下，记录在社区规范或类似文件中（战略 3 和 6），见证人可以是政府和民间社会群体。为了支持社区规范且遵守规范，政府应当采取政策措施，支持此类进程，并承认谈判中的社区规范。

对创收活动开出清单可能并不可取，因为资源可获得性、技能及支持伙伴情况可能各不相同。下面将列出一些在保持资源基础、尊重公地文化和社会价值的同时增加公地经济收益的做法。

③成功的创新应当尽可能建立在社区传统和当地知识基础之上，并利用关于土地、渔场及森林可持续管理的大量可利用的科学知识。可能需要创新资源管理方式和相关技术，以便提高自然资源的生产力，同时仍能保持或恢复自然资源。在当地智慧、知识和气候条件基础上，创新还应当与科学严谨的态度相结合，并确保当地使用者既有知识、投入及技术的获取途径。因此，需要具有包容性和合作性质的知识生成、交流及传播服务，以确保具有经济效益和环境可持续的公地利用。

④设立机构支持资源使用者。资源使用者群体、合作社、社区企业或经济计划可以：a. 支持联合获取投入品和市场；b. 为资源使用者提供咨询伙伴以获取技术援助及推广服务；c. 成为可持续管理方式和经营的知识中心；d. 提供与其他资源使用者进行交流的社会网络。这些组织可以提高人们对自然资源恢复所急需的公共投资及其他类似措施的认识并进行宣传促进。

⑤收入来源多样化。能够实现食物和收入来源多样化的选择值得考虑，例如投资收获物深加工。虽然目标可能是为当地及远方市场提供商品，但重要的是关注适用当地情况和多样化的价值创造。创造可销售的产品往往同时要求新的市场销售物流措施。

⑥公地所产产品的市场营销战略。可靠的市场渠道是实现从公地取得收入的关键所在。这要求采取措施建立或利用当地、区域或全球价值链，使社区能够全面参与自身所选择的价值链。这些努力必须伴随适当的政策措施，以避免剥削并保护当地社区的利益，尤其是使妇女和脆弱群体能够从产品市场销售中获益。在某些突出的案例中，改善无地者对非木材林产品的获取是与它们进入相关价值链相关联的。在这些案例中，当地精英帮助无地者成功地投资于这些林产品的当地加工单位。

案例 7
保障依赖森林公地的当地生计：
巴西西部亚马孙地区阿克里州"森林政府"案例

Benno Pokorny
弗莱堡大学

在拉丁美洲，土著人民和当地社区合法拥有和控制该区域 23% 的土地，其中有 44% 位于巴西（权利和资源倡议，2015）。这一相对较高的获法律承认的土地百分比反映了巴西政府在承认传统权利方面所做的一定程度的努力。在实践中，由于其他经济活动行动方对土地和资源感兴趣，大部分土地经常遭受强烈甚至是暴力冲突。然而，据估计，有更大的区域通过本地和基于社区的系统进行管理（权利和资源倡议，2015）。

当前的情况向我们展示了巴西阿克里政府为建立制度和经济机制所做出的了不起的尝试，以便根据传统森林社区的兴趣和能力保障其生计。

阿克里州位于巴西西部亚马孙地区，由于地处偏远，同时也因为其传统人民的抵抗精神，全州面积的 87% 为森林所覆盖（巴西空间研究/流域综合治理方案，2016）。历史上，阿克里在 20 世纪前 50 年以繁荣的橡胶种植经济而闻名。

在势力强大的橡胶大亨手下，成千上万的移民进入该地区寻求工作机会，与此同时，土著人口严重下降。随着第二次世界大战后当地橡胶经济的崩溃，这些移民家庭继续留在森林地区，组成一个个小型的森林社区。在 20 世纪 80 年代，第二波移民潮到来，伐木者和养牛者纷至沓来，寻求农业土地。这次移民潮是推动亚马孙地区农村殖民化更大公共政策进程的一部分（战略 1 和 5）。

为了应对这一新的威胁，森林社区在环境非政府组织的支持下，从政治上组织起来为捍卫自己的土地和森林而斗争。随之而来的暴力冲突最终在 1988 年以这场运动的领袖基科·蒙德斯（Chico Mendes）遇刺身亡而达到顶点。这位深受尊敬的森林捍卫者的遇刺事件在当地、全国和全球层面激起了社会运动，支持法律改革以保护集体土地和资源权利。由于这些运动，以及越来越多的证据表明集体森林管理系统的可持续性，巴西联邦政府采取法律措施承认集体权属权利，例如社区可开发保护地（RESEX）。此外，还出现了一项新的政治议程，促进符合森林社区权属系统、当地知识、需求及能力的经济社会发展倡议。

2001 年，新制定的一部森林法下放了治理职能，为以战略方式开发森林经济潜力采取的一系列措施提供了法律背景。在阿克里州，启动了一个参与式进程，旨在将一项阿克里"经济-生态区划行动"纳入战略性土地利用范畴。这一参与式进程的参与者包括来自土著群体、传统社区、农民、社会及环境非政府组织、大学及农业和森林产业的代表。该进程在 2006 年成功结束。经济-生态区划行动成为经联邦政府批准的州立法，进而成为阿克里环境执法的法律基础。因此，约 50% 的阿克里土地在不同的法律范畴内被指定为受保护林地，多数允许当地集体利用并赋予使用者权利，一些被用于可持续经济用途（战略 10）。

巴西林业局对公共森林资源权属予以法律承认，提供培训、技术支持及推广服务，促进可持续森林管理。同时，它也实施新的经济措施，支持森林的商业化利用。通过实施标准化和质量控制系统，提供最低价，建立纳特斯（Natex）天然橡胶避孕套工厂，同时做出努力，提升传统非木材林产品价值，如天然橡胶（战略 8 和 10）。

将当地森林使用者整合到商业森林价值链中的技术援助工作通过设立非盈利合作社而变得更加专业化，例如设立社区林业生产合作社（COOPERFLORESTA）和阿克里物产商业化中心合作社（COOPERACRE）。这些合作社将阿克里参与林产品商业化的社区协会和社区组织起来。他们集中起来以便为贫困森林社区有效提供服务、物流和机械设备。合作社的服务内容还包括森林社区之间信息交流，提供关于新出现的技术和法律问题的咨询建议，以及采取协调一致的行动对公共政策施加影响。经过一段时间的发展，合作社的主要任务变成了建立垂直的价值链，以及与私营企业、贸易商及其他相关组织之间的网络联系，以便推动当地木材及非木材林产品的商业化。社区的技术人员得到系统培训，以便使森林社区在森林价值链的不同环节采取更加独立的行动。

阿克里的案例表明，当社区居民的生计建立在公地利用之上时，社区需要得到支持以保障他们的生计。承认权属权利本身是必要的，但仍然不够，需要做出具体、一致和连续的法律、经济及社会努力来确保公地权利得到长期的尊重和保障。这个案例还显示了在实际操作中实现基于当地权利持有者的兴趣和能力的发展议程的复杂性。很遗憾，许多取得的成就在后来被放弃了，部分原因是因为相关的成本，但也是由于经济游说团体影响而改变的政治优先重点，以及为了追求更加快速的经济增长。

延伸阅读：

INPE/PRODES，2016. *State Acre*.（可从下列网址获取：http：//www. dpi. inpe. br/prodesdigital/ prodesmunicipal. php），另见 Imazon，2010，*Fatos florestais da Amazônia* 2010，第 23 页。Belém（巴西），Instituto do Homem e Meio Ambiente da Amazônia（Imazon）（可在下列网址获取：http：// imazon. org. br/PDFimazon/Portugues/livros/atos-florestais-da-amazonia – 2010. pdf）

阿克里州政府官方网站地址：http：//www. ac. gov. br/wps/portal/acre/Acre/home

RRI，2015. *Who owns the land in Latin America? The status of indigenous and community land rights in Latin America*. Washington，DC，Rights and Resource Initiative（RRI）.（可在下列网址获取：http：//www. rightsandresources. org/wp-content/uploads/FactSheet _ English _ WhoOwn-stheLandinLatinAmerica _ web. pdf）

The Economist，2012. *The Brazilian Amazon：The new rubber boomlet*. 29 November 2012.（可在下列网址获取：http：//www. economist. com/news/americas/21567380 – brazilian-state-acre-pioneering-approach-development-seeks-make-most）

Duchelle，A. E.，Greenleaf，M.，Mello，D.，Gebara，M. F. & Melo，T. 2014. Acre's State System of Incentives for Environmental Services（SISA），Brazil. *In* E. O. Sills，S. S. Atmadja，C. de Sassi，A. E. Duchelle，D. L. Kweka，I. A. P. Resosudarmo and W. D. Sunderlin，eds. *REDD + on the ground：A case book of subnational initiatives across the globe*，pp. 33 – 50. Bogor（Indonesia），Center for International Forestry Research.（可在下列网址获取：http：//www. cifor. org/publications/pdf _ files/ books/BCIFOR1403. pdf）

Verocai，I.，TLudewigs，T. & de Fátima Gomes Pereira，V. 2012. *Programa de desenvolvimento sustentável do Acre – PDSA II. Expansão da economia florestal. Relatório de avaliação ambiental e social*. Rio Branco，Secretaria de Estado de Planejamento e Secretaria de Estado de Meio Ambiente do Estado do Acre.（可在下列网址获取：http：//idbdocs. iadb. org/wsdocs/getdocument. aspx？ docnum＝36657493）

3.3.3 战略 11：确保与投资者之间的任何伙伴关系或合同均应支持当地生计，并且不侵犯公地权属权利，也不侵犯相关人权

（1）理由。

国内外投资者对当地小规模生产者所使用、管理以及有时拥有的区域进行农业、土地、森林及渔业投资，可能会侵犯当地资源使用者对其资源的获取权。因此，投资启动、商谈及达成协议的进程须遵照一定的规则，符合《准则》中所有适用的标准，包括保障措施部分内容（《准则》3.7 章节）、公共土地、渔业及森林（3.8 章节）、土著居民及其他具有习惯权属体系的社区（3.9 章节）以及负责任投资原则（4.12 章节）。虽然这些标准具有普适性，但对于公地保护尤其重要。公地频频成为投资者的目标（往往受到政府鼓励），尤其是当公地使用者是缺少强有力发声渠道的边缘化或少数群体时（例如牧场、森林、轮垦地、手工渔业等）。特别是在社区土地、渔场或森林由政府正式拥有的情况下更加如此。但是，即使是在通过新的立法从法律上规定土地、渔业或森林由社区拥有，这种情况也可能发生。当地领袖和社区精英可能很容易受到诱惑出售公地以获取金钱收益。因此，所有相关各方都需要确保不仅要实施公正和透明的程序，还要从总体上取得可持续和社会可接受的成果，同时要对公地权属权利保护给予特别关注。

（2）具体建议。

创新投资伙伴关系有潜力创造或支持以可持续方式增加收入，只要这种伙伴关系坚持下列原则并汲取经验教训：

①政府和社区代表需要确保投资不损害环境，不侵犯合法公地权属权利，同时尊重社区的社会及文化价值观和做法。为此，政府与社区应当确保任何投资行为都符合社区利益，并采取保障措施，防止商业、投资方、开发机构及政府自身等侵犯合法公地权属权利。此类保障措施可包括：设立许可土地交易的上限，以及超过一定规模的交易如何获得批准的规范，例如须经过议会的批准（《准则》第12.6 章节）；根据《准则》规定，任何大规模权属权利转让都应当避免；需做出专门的努力以限制从物理上或通过行动任意改变公地用途，妨碍其被用于原本计划的用途；要将公地改作他用，必须征得社区的"同意"（而不是仅仅是磋商），包括所有公地使用者的同意。因为当地社区生计策略的复杂性和对社区弱势群体（尤其是公地用户）可能带有歧视性的交易及代际成本，采取一揽子补偿方案的做法并不妥当。任何对社区放弃其权利的此类赔偿都必须包含易手的自然资源具有的自然和社会资本价值，以及未来的价值。所有这些因素很难在经济计算中体现，尤其是公地的价值。

②特别是当政府拥有的土地成为投资者的目标时，政府当局有义务确保社

区被承认作为投资项目的相对方，并遵照《准则》中的原则，保证所有进程公平、透明和负责任。这包括土著人民"自由、事先、知情同意原则"，这可以作为其他社区参与和磋商原则之外的良好实践方式加以推荐（《准则》第3B6和第9章节）。当政府拥有的土地、渔场或森林成为投资者目标，而社区对此拥有目前未得到正式法律保护的合法权属权利时，政府的这一义务尤其重要。在社区拥有所有权，但由于其经验和知识有限而易受害，从而在谈判中处于弱势地位的情况下，政府也应当提供支持机制。政府必须确保社区在谈判中是平等的伙伴，有能力拒绝他们认为威胁到公地及其生计的投资。它支持这样一种做法，在社区及其投资伙伴之间平等分享投资的收益并平等分担投资风险。这样，社区可以确保本地所有权，并避免由于外部项目周期导致的本地活动意外中断。在权属权利转让通过政府或社区代表发生这两种情况下，民间社会组织在监督和支持社区脆弱成员方面将会发挥格外重要的作用。

③在支持社区保证遵循适当的程序以及与投资者就可持续投资项目达成协议，从而为社区带来收入和支持正在开展的活动方面，民间社会组织可能发挥至关重要的作用。民间社会组织应当提供帮助和支持，使所有合法权利持有者及利益相关方（例如空间规划部门）实现一个包容性和透明的对话和决策进程。这一进程应当建立在共同愿景和社区制定的投资要求基础之上。为了确保投资真正给社区带来利益，充分尊重公地，并支持当地生计与粮食安全，投资者应当证明其提交了一份人权影响评估报告以及一份社会及环境影响评估报告给一个独立的第三方。在对任何投资项目做出决定之前，社区必须有足够的时间来对这份文件进行考虑并采取行动。政府主管部门负责向投资者推荐一个独立第三方，该独立方应熟悉当地情况，能够为收益和风险提供一份符合实际的评估。社区必须能够在政府或投资者推荐或委托的风险评估人员和专家之外，另行自由选择其自己的独立顾问。这些影响评估的结论必须公开发布并以透明方式在合同谈判过程中加以考虑。

④与投资伙伴的谈判进程必须做到透明和公平，以避免以后出现冲突。因此，政府主管部门或社区代表（视由谁主导谈判而定）必须确保及时公布有关计划进行的投资信息，包括投资项目、投资方、影响评估及预期达成的合同。应设立信息联系人，在投资合同签订之前帮助与社区进行联系和确保所有相关信息的透明及可获取性。合同的终止也需要透明，以便社区能够跟进。联系人的服务要免费提供，并以当地和合适的语言提供。民间社会组织在要求并监督信息公开中可以发挥重要的作用。

⑤为了对政府主管部门、投资方及社区机构进行追责，投资合同须符合《准则》及相关国际标准和义务。合同还须规定监督机制、申诉机制以及指明一旦发生与此投资相关的诉讼时负责审理的法院。为了能够对合同及附属条款

进行监督，例如有关环境及社会管理计划的条款，相关监督、申诉和诉讼程序应当在地方广为宣传。

对于这方面的进一步探讨，请参阅第 4 号技术指南《在农业投资背景下捍卫土地权属权利》（FAO，2015）及第 3 号技术指南《尊重自由、事先、知情同意》（FAO，2014）。

3.3.4　战略 12：支持多方参与进程以便评估立法及监督各机构、进程和法治原则

（1）理由。

为了加强问责、防范腐败，公共参与和知情权至关重要。利益相关方参与监督是提高透明度、建立信任以及对政策制定者、行政部门、社区领袖、捐助方、发展组织及私营部门问责的一个强有力的工具。为了补充权属治理的制度制约和平衡，监督和审查应当反复进行，从法律和政策的起草到实施和执行，贯穿开发及投资项目的各个阶段。审查已有的立法对于在行政层面协调法律、政策及决策尤其重要，从而可以提高公地权属权利的有效性。民间社会、学术界及非政府组织在监督问责方面可以发挥特别的作用，必须为其提供申诉机制，提高其对不足的认识。

（2）具体建议。

①法律框架需包括对政府部门及民间社会的机构、程序和立法包容性监督及审查程序。这意味着政府需要承认和支持包容性监督和审查程序，诸如民间社会组织、社区及权利持有者可以参与进来并表达诉求。为此，政府需要建立和支持多方参与及权利持有者论坛，定期举行会议，建立申诉机制。政府还需任命一个独立的监察员监督司法，确保法治、司法公正及遵守国家法律和国际人权标准，识别侵犯公地权属权利的情况，进行调查并处理申诉。此外，还需要清楚的是，问责是双向的，既包括自下而上也包括自上而下。当地社区应得到承认，作为合法权利持有者，有权对自然资源的治理做出决策。与此同时，需要建立当地主管部门与社区保持接触的机制，在公地被擅用从而少数人获利时从法律上加以纠正。

②同时，民间社会和学术界在监督和提高意识方面需要发挥重要作用。例如，他们在其关于公地习惯权属系统的相关法律背景信息中，以及在关于存在法律争议的裁决的报告中，可以将律师及法官作为目标对象，也可以将大众作为目标对象。民间社会及研究人员可以在编写面向公众的监督报告过程中发挥关键作用，这些报告指出实施及执行进程中的限制因素和不足之处。他们也可以撰写这样一些概念文件，内容涉及实施立法的恰当方式和手段、附带解读的法律翻译和普及版本，以及将承认公地的工作成绩与国家确定的目标进行对比分析。

　　③审查和协调部门立法和行政管理的责任在于政府，民间社会可为此提供支持。为了得到全面的解决方案，审查和协调的进程应当包括国家及次国家级政府主管部门以及社区机构在内的自然资源管理机构和民间社会开展的活动。这可以通过不同的方式进行：

- 审查和改革所有部门法律，使其保持一致，并酌情与其他相关部门法律中的重要规定相互参照。例如，确保对社区管理所获得产品的贸易及税收进行规范的法律，不会对管理资源的社区从公地中取得的经济收益造成不当损失。需要考虑不同部门的法律和政策，例如土地、保护、气候、林业、渔业、采矿、农业、保护区和旅游业等领域的法律和政策，并加以协调，以便确保这些法律和政策不会相互矛盾和相互削弱，这一点十分重要。不仅如此，关于投资、公共采购及特许权分配的法律也需要加以审查和协调。在任何情况下，协调工作须确保与关于人权和环境的相关国际法律和标准完全一致。
- 建立一个多方参与监管机构，审查不同的法律和政策，对法律和政策进行协调。管理往往是相互竞争的不同部门之间的决策。

4. 将一般性战略与本地情况相结合的进程

没有"放之四海而皆准"的做法。上一章提出的战略是适用于全球的一般性指导原则。因此，按照《准则》第 13.5 章节要求，这些原则必须与不同国家，即便在同一个国家，不同的当地情况相结合。因此，巨大的挑战在于一方面要严格遵守《准则》中的基本原则及一般战略，另一方面要有因地制宜的高度灵活性，并为本地创造性和创新保留余地，要在这两者之间保持平衡。因地制宜的解决方案将在一般性战略与特定的本地条件、需求及知识之间的匹配过程中产生出来。在这一进程的最终，每一个具体的解决方案都应当与《准则》中的原则保持一致而不是相反。这要求有一个分析、审议、参与、示范和展示的当地进程，推广和重新调整成功的做法。

本节讨论将本技术指南中的一般战略转变为适应具体环境的特定过程，列出并解释这一进程的方法和步骤。其目标是为负责国家及地方一级实施进程的政府官员及支持人员提供指导。政府是保障包括农民、渔民、牧民以及无地者和最为边缘化及脆弱群体等在内的土著人民及当地社区的公地合法权属权利的主要责任人。推荐的方式方法如下：

（1）为社区创造力及持续适应调整提供空间。

根据来自地方的经验教训，确认符合具体情况的战略、工具及做法对于以适当的方式支持和指导社区至关重要。此类符合具体情况的战略，例如各种指南和工具，任何时候都不能是决定性的，也不能妨碍社区独立或以自己的方式做得更好，只要其符合《准则》中确定的原则即可。因此，即使是适应当地情况的具体战略也应当具有足够的宽容度，能够涵盖当地具体动态和学习过程。

（2）开始之前分析当地背景。

可靠的当地分析是针对当地情况多样性而设计和改革立法、支持体系及机构的一个前提条件。这可能包括对原有习惯体系（包括既有的程序和权力关系）、土地和自然资源管理方式（特别关注公地使用者权利）及相关问题、瓶颈及冲突的评估。此类分析需考虑具有代表性的各种社区类型，其中还应当包括参与方法以便充分考虑本地知识和观念。

（3）优先排序。

鉴于资源和行动能力总会在一定程度上有限，权属权利登记进程不可能在所有地方同时进行。《准则》建议该进程应根据国家的优先重点逐步展开。不同领域的优先排序工作可依照任务轻重缓急或社区的兴趣及准备情况，或者综合考虑这两方面情况而定。公地保护的紧急情况往往出现在公地实际受到正在进行的土地划拨或转让进程威胁的情况下。这些领域往往存在对其感兴趣的投资方或正在发生针对土地及自然资源的冲突。与有兴趣且有准备的社区作为伙伴进行合作将有助于加速该进程，很快就可以积累经验，取得进展，发现可供展示示范的良好操作方式案例，从而为该进程注入动力。在社区层面与感兴趣且组织良好的合作伙伴合作还将有助于展示该进程能够起作用、如何发挥作用，以及能给人民带来什么好处。

（4）根据不同社区种类而做出区分。

即使在同一国家内，条件也会差别很大。每个社区都是独一无二的，可能需要量身定制的方式。但通常社区之间会有相当大的相似性，因此可以针对某一类型采取共同做法，而针对另一类型采取另一种不同的做法。对社区进行区分的依据可以是人口密度、在城乡连续体中所处的位置（例如从半城镇到边远农村）、主要的土地利用类型（例如小农户、渔民、牧民、森林使用者）、分层程度、贫困水平、公地的优缺点、文化特色及相关的传统土地治理体系。某些特定做法可能需要将这些依据进行一定的组合。因此，不同类别的社区集合可作为设计战略的基础，这些战略足够满足具体背景，同时无需花费太多力气为每一个社区寻求具体的方式。

（5）示范。

适当的概念、成功的战略及创新做法需要建立在实际经验基础之上，这适用于技术创新，同样也适用于制度变革进程，它们需要在选定的社区中进行检验。示范意味着边做边学，意味着在具体的环境中检验特定的做法，并在示范计划全过程中观察、讨论和系统分析结果。这涉及系统学习过程，不仅可以帮助涉及的社区，还能帮助其他社区以及其支持或服务机构。检验应当涉及所有利益相关方，例如，社区、服务提供者、政府机构的参与式对话和参与式行动研究。在选定具有代表性的社区取得的经验基础上，可在研讨会上讨论经验教训，并据此设计针对具体背景的战略。在进行创新示范时需要注意，示范项目应能够为不同地点未来的活动提供启示，但并不提供具体的蓝图。

（6）采用良好做法。

来自单个社区的经验教训可以作为良好做法的范例，可帮助说服政治决策者，并可能调动和激励其他社区。但这些经验教训也可能有赖于具体条件，例如个人的领袖品质。因此，只有对具有某些共同关键特征的不同社区进行系统对比才能提供一个坚实的基础，为具有相似特征的社区确定适用的概念、战略或工具〔见第（4）点〕。为了快速了解"最适合"的做法，应当系统分析社区一级公地治理和管理经验，并将其与当地的实证经验教训进行对比。此过程可能包括在不同层级举办研讨会，以便介绍和讨论发现的情况。此类活动可同时帮助宣传普及公地及基于社区的管理问题。通过系统性、基于经验的、参与式进程来确认针对特定条件的做法，对于设计适当的公地治理和管理的法律、实施准则及培训手册至关重要。建立一个对比数据库，在此数据库中可以收集信息，对信息加以系统化处理、对比和分析，将有助于实现这一目标。

这些方法步骤可视为一个配套进程的一部分：一方面需要因地制宜，另一方面，整体政策实施进程需要保持足够的一致性和效率，两方面需要统筹兼顾。这有助于及时取得与《准则》中的原则相一致的"最适合"做法。

5. 附　录

5.1　附录 1：术语表

权利组合（bundle of rights）

权利组合可能包括使用权，诸如获取权、提取权及用益物权，以及控制或决策权，例如管理权、排他权及转让权。所有权一般被认为是对某种资源的排他性控制权。权利组合可能为永久持有或临时持有，也可能定期重新协商并由群体达成一致。公地权属权利在时间和地理空间上可能相互重叠，因此，群体可以确保其公地权属权利。排除外人使用资源的权利至关重要，因为公共资源具有竞争性消费属性。

集体权利（collective rights）

公地可以由一个群体或社区集体持有或拥有。这些集体持有的自然资源可以与那些由个人或单个家庭单独所有的资源相区分。"社区"（communal）常用来指一个社区的整个区域或领地，既包括集体使用的公地，也包括个体持有的资源。

公地（commons）

公地指的是一群人（常被理解为一个"社区"）集体将诸如土地、渔场、森林和水体等自然资源作为公共资源加以利用和管理。这一群体的成员，即所谓的权利持有者，可能持有多样化、多重及有弹性的公共资源权属权利组合。他们还可能持有对这一公共资源的集体所有权。

社区（community）

社区广义上是指一个复杂的社会和地理单位，包含不同类型的成员，这些成员又存在共同之处，例如共同的历史、文化身份、亲属关系、职业、共同的自然资源获取和利用规则、对一块领地或地理区域的共同占有。一个社区的社会和地理边界可以是灵活、可再议和随着时间推移而调整的。

习惯权属体系（customary tenure systems）

在许多国家，公地通过多样的习惯权属体系加以管理。习惯权属指的是源于当地的体系，具有随着时间推移和使用过程而演变的规范、规则、机构、做法及程序。习惯权属体系取得了社会合法性，由当地社区商定、维系和变革。

合法（legitimate）

《准则》明确指出，"合法"权利不仅包括国家法律正式承认的那些权属权利，在当地层面被社会广泛接受而获得合法性但（尚）未得到法律承认和保护的那些权利也具有合法性。

5.2　附录2：该指南是如何制定的

按照《准则》谈判的方式，该指南是经过一个包容性多方参与进程制定的，它包括一个咨询委员会以及若干次国际审议与磋商研讨会。在这个进程之外，还辅助进行了对文献及利益相关方提供的范围广泛的案例审查，以便确保所提出的战略根植于实证发现与经验。

咨询委员会包括21名国际公地问题专家，他们来自民间社会、科学界及政府部门，均从事土地、渔业、森林领域的工作。从一开始，这个咨询委员会就通过参加国际研讨会以及通过对《指南》草案提出书面反馈意见，为《指南》的制定提供内容和方法方面的支持。

开展了下列国际审议与磋商研讨会及会议：

2014年7月2日，德国柏林。在德国联邦食品及农业部"反饥饿政策"会议期间，与德国人权研究所合作举行国际研讨会。共有20个国际利益相关方参加了研讨会，他们主要来自民间社会，也包括政府及科学界，分别来自下列国家：玻利维亚、布基纳法索、厄瓜多尔、埃塞俄比亚、德国、加纳、伊朗、肯尼亚、尼加拉瓜、菲律宾、塞内加尔、塞拉利昂、乌拉圭、越南。代表们讨论了本指南的最初概念与框架，对承认、保护和支持公地权属权利的挑战和战略进行了收集和交流。

2014年7月29～30日，德国波茨坦。"加强公地的战略指南"国际研讨会，讨论战略并交流承认、保护和支持公地权属权利的经验和案例，讨论了

《准则》如何为此提供支持。

2014 年 11 月 10～11 日，埃塞俄比亚亚的斯亚贝巴。非洲区域研讨会。此次研讨会是在首次土地政策倡议"非洲土地政策大会"的背景下，在德国国际合作机构的支持下召开的。超过 30 位来自非洲民间社会及研究机构、政府及国际金融机构的代表讨论并交流了在非洲背景下承认、保护和支持公地权属权利的战略、做法和经验。在非洲，公地发挥了十分重要的作用。此外，在会议期间及会议后开展了对个人的一系列访谈，会后的访谈旨在对利益相关方提出的具体问题做进一步研究。

2014 年 11 月 12 日，埃塞俄比亚亚的斯亚贝巴。作为"非洲土地政策大会"的会外活动，有 5 位参加研讨会的代表分享了他们建议的战略，与约 60 名来自政治、研究及实践方面的非洲及国际专家进行了深入交流，探讨了如何通过《准则》及"非洲土地政策框架和准则"为公地权属权利提供支持。

2015 年 4 月 23～24 日，德国柏林。在 2015 年全球土壤周期间召开国际研讨会，审议和讨论本技术指南第一稿草案。

2015 年 10 月 24 日，瑞士伯尔尼。本指南最后定稿和讨论外联战略的国际会议，此次会议的举办背景是由权利与资源倡议、乐施会、国际土地联盟及瑞士国际合作协会（Helvetas）组织召开的会议"从语言到行动：提高社区及土著人民的土地与资源权利"。

5.3　附录3：参考书目及资料来源

Agrawal，A. 2003. Sustainable Governance of Common-Pool Resources：Context，Methods，and Politics. *Annual Review of Anthropology*，32（1）：243 - 262.

Alden Wily，L. 2008a. Custom and Commonage in Africa：Rethinking the Orthodoxies. *Land Use Policy*，25（1）：43 - 52.

Alden Wily，L. 2008b. *Whose Land Is It? Commons and Conflict States：Why the Ownership of the Commons Matters in Making and Keeping Peace*. Washington，DC，Rights and Resources Initiative（RRI）.（available at http：//www. usaidlandtenure. net/ sites/default/ files/USAID _ Land _ Tenure _ 2012 _ Liberia _ Course _ Module _ 2 _ Whose _ Land _ Wily. pdf）

Alden Wily，L. 2011a. *Accelerate legal recognition of commons as group-owned private property to limit involuntary land loss by the poor*. Policy Brief. Rome，International Land Coalition（ILC）.（available at http：//www. landcoalition. org/sites/default/files/ documents/resources/2 _ PBs _ commons. pdf）

Alden Wily，L. 2011b. *The tragedy of public lands：The fate of the commons under global commercial pressure*. Rome, International Land Coalition (ILC). (available at http: // www. landcoalition. org/sites/default/files/documents/resources/WILY_Commons _web _ 11. 03. 11. pdf)

Alden Wily, L. 2012. The Status of Customary Land Rights in Africa Today. In *Rights to Resourcesin Crisis: Reviewing the Fate of Customary Tenurein Africa*. Brief 4 of 5. Washington, DC, Rights and Resources Initiative (RRI). (available at http: //www. rightsandresources. org/wp-content/exported-pdf/rightstoresourcesincrisiscompiledenglish. pdf)

Almeida, F., Borrini-Feyerabend, G., Garnett, S., Jonas, H. C., Jonas, H. D., Kothari, A., Lee, E., Lockwood, M., Nelson, F. &. Stevens, S. 2015. *Collective Land Tenure and Community Conservation: Exploring the linkages between collective tenure rights and the existence and effectiveness of territories and areas conserved by indigenous peoples and local communities* (ICCAs). Companion Document to Policy Brief No. 2 of the ICCA Consortium. Tehran, The ICCA Consortium in collaboration with Maliasili Initiatives and Cenesta. (available at http: //www. iccaconsortium. org/wp-content/uploads/ ICCA-Briefing-Note-2-collective-tenure. pdf)

Andersen, K. E. 2011. *Communal tenure and the governance of common property resources in Asia: lessons from experiences in selected countries*. Land Tenure Working Paper 20. Rome, FAO. (available at http: //www. fao. org/3/a-am658e. pdf)

Anseeuw, W. &. Alden, C. eds. 2010. *The Struggle over Land in Africa: Conflicts, Politics &. Change*. Pretoria, HSRC Press. (available at http: //www. hsrcpress. ac. za/ product. php? productid=2275&.cat=34&.page=1)

Bomuhangi, A., Doss, C. &. Meinzen-Dick, R. 2011. *Who Owns the Land? Perspectives from Rural Ugandans and Implications for Land Acquisitions*. IFPRI Discussion Paper 01136. Washington, DC, International Food Policy Research Institute (IFPRI). (available at http: //ebrary. ifpri. org/utils/getfile/collection/p15738coll2/id/126766/filename/126977. pdf)

Borrini-Feyerabend, G., Pimbert, M., Farvar, M. T., Kothari, A. &. Renard, Y. 2004. *Sharing Power: Learning-by-Doing in Co-Management of Natural Resources throughout the World*. Tehran, IIED, IUCN/CEESP/CMWG and Cenesta. (available at http: //cmsdata. iucn. org/downloads/sharing _ power. pdf)

Bromley, D. W., Feeny, D., McKean, M. A., Peters, P., Gilles, J., Oakerson, R., Runge, C. F. &. Thomson, J. (eds). 1992. *Making the Commons Work: Theory, Practice and Policy*. San Francisco (USA), Institute for Contemporary Studies.

Brown, J. &. Gallant, G. 2014. *Engendering Access to Justice: Grassroots women's approaches to securing land rights*. New York (USA), Huairou Commission, United Nations Development Programme (UNDP). (available at https: //huairou. org/sites/ default/files/EngenderingAccesstoJustice _ web2014. pdf)

Cangelosi, E. &. Pallas, S. 2014. *Securing Women's Land Rights: Learning from successful experiences in Rwanda and Burundi.* Rome, International Land Coalition (ILC) and Women's Land Rights Initiative. (available at http：//www. rwandawomennetwork. org/ IMG/pdf/r-wlr-securing-women-land-rights _ web _ en _ _ 0. pdf)

CAPRi (CGIAR Systemwide Program on Collective Action and Property Rights). 2010. *Resources，Rights and Cooperation：A Sourcebook on Property Rights and Collective Action for Sustainable Development.* Washington, DC, International Food Policy Research Institute. (available at http：//capri. cgiar. org/files/pdf/Resources _ Rights _ Cooperation _ full. pdf)

Clarke，R. A. 2009. *Securing Communal Land Rights to Achieve Sustainable Development in Sub-Saharan Africa：A Critical Analysis and Policy Implications.* Law，Environment and Development Journal，5 (5)：132 - 51.

CLEP. 2008. *Making the Law Work for Everyone.* New York, Commission of Legal Empowerment of the Poor and United Nations Development Programme (UNDP). (available at http：//www. undp. org/content/dam/aplaws/publication/en/publications/ democratic-governance/legal-empowerment/reports-of-the-commission-on-legal-empowerm- ent-of-the-poor/making-the-law-work-for-everyone---vol-ii---english-only/making _ the _ law _ work _ II. pdf)

Cotula，L. ed. 2007. *Changes in 'customary' land tenure systems in Africa.* London and Rome, International Institute for Environment and Development (IIED) and FAO. (available at http：//pubs. iied. org/pdfs/12537IIED. pdf)

Cotula，L.，Odhiambo，M. O.，Orwa，N. & Muhanji，A. 2005. *Securing the commons in an era of privatisation：policy and legislative challenges.* Summary conclusions of the second international workshop of the Co-Govern network，Nakuru，Kenya，25 - 28 October 2004. Securing the commons No. 10. London，International Institute for Environment and Development (IIED). (available at http：//pubs. iied. org/pdfs/ 9556IIED. pdf)

Cotula，L.，Oya，C.，Codjoe，E. A.，Eid，A.，Kakraba-Ampeh，M.，Keeley，J.， Kidewa，A. L.，Makwarimba，M.，Seide，W. M.，Nasha，W. O.，Asare，R. O. & Rizzo，M. 2014. Testing Claims about Large Land Deals in Africa：Findings from a Multi- Country Study. *The Journal of Development Studies，*50 (7). (available at http：// www. tandfonline. com/doi/ pdf/10. 1080/00220388. 2014. 901501)

Council of Ministers of Mozambique. 1998. *Decree No. 66/98 on Land Law Regulations，*8 December 1998. Moputo，Mozlegal. (available at http：//faolex. fao. org/cgi-bin/ faolex. exe? rec _ id＝025941 & database＝faolex & search _ type＝link & table＝result & lang ＝eng & f ormat _ name＝@ERALL)

Cousins，B. 2009. *Potential and pitfalls of 'communal' land tenure reform：experience in Africa and implications for South Africa.* Paper for the World Bank conference on 'Land Governance in support of the MDGs：Responding to new challenges'，Washington，DC，

9 - 10 March 2009. Washington, DC, World Bank. (available at http: //siteresources. worldbank. org/INTIE/Resources/B _ Cousins. doc)

Cuskelly, K. 2011. *Customs and Constitutions: state recognition of customary law around the world*. Bangkok, International Union for Conservation of Nature and Natural Resources (IUCN). (available at https: //portals. iucn. org/library/efiles/edocs/2011-101. pdf)

Dietz, T. , Ostrom, E. & Stern, P. C. 2003. The Struggle to Govern the Commons. *Science* 302 1907 (2003): 1907 - 12. (available at http: //www. eebweb. arizona. edu/courses/ ecol206/dietz％ 20et％ 20al. ％ 202003％ 20the％ 20struggle％ 20to％ 20govern％ 20the％ 20commons. pdf)

Dolšak, N. & Ostrom, E. eds. 2003. *The Commons in the New Millennium: Challenges and Adaptation*. Cambridge (USA), MIT Press.

FAO. 2002. *Law-making in an African context: the 1997 Mozambican land law*. FAO Legal Papers Online No. 26. Rome. (available at http: //www. fao. org/3/a-bb059e. pdf)

FAO. 2007. *Right to food: lessons learned in Brazil*. Rome. (available at http: // www. fao. org/3/a-a1331e. pdf)

FAO. 2009. *Participatory land delimitation: an innovative development model based upon securing rights acquired through customary and other forms of occupation*. Land Tenure Working Paper No. 13. Rome. (available at http: //www. fao. org/3/a-ak546e. pdf)

FAO. 2010. *Statutory recognition of customary land rights in Africa: An investigation into best practices for lawmaking and implementation*. FAO Legislative Study No. 105. Rome. (available at http: //www. fao. org/docrep/013/i1945e/i1945e01. pdf)

FAO. 2011. *Communal tenure and the governance of common property resources in Asia: lessons from experiences in selected countries*. Land Tenure Working Paper No. 20. Rome. (available at http: //www. fao. org/3/a-am658e. pdf)

FAO. 2012. *The State of Food and Agriculture*. Rome. (available at http: //www. fao. org/ docrep/017/i3028e/i3028e. pdf)

FAO. 2012. *Voluntary Guidelines on the Responsible Governance of Tenure of Land, Fisheries and Forests in the Context of National Food Security*. Rome (available at http: //www. fao. org/docrep/016/i2801e/i2801e. pdf)

FAO. 2013a. *Governing land for women and men: A technical guide to support the achievement of responsible gender-equitable governance of land tenure*. Governance of tenure technical guide No. 1. Rome. (available at http: //www. fao. org/docrep/017/ i3114e/i3114e. pdf)

FAO. 2013b. *Improving governance of forest tenure: A practical guide*. Governance of tenure technical guide No. 2. Rome. (available at http: //www. fao. org/docrep/018/ i3249e/i3249e. pdf)

FAO. 2013c. *Implementing improved tenure governance in fisheries: A technical guide to support the implementation of the voluntary guidelines for the responsible governance of tenure of land*, *fisheries and forests in the context of national food security*. Governance of tenure technical guide, preliminary version. Rome. (available at http://www.fao.org/docrep/018/i3420e/i3420e.pdf)

FAO. 2014a. *Respecting free*, *prior and informed consent*: *Practical guidance for governments*, *companies*, *NGOs*, *indigenous peoples and local communities in relation to land acquisition*. Governance of tenure technical guide No. 3. Rome. (available at http://www.fao.org/3/a-i3496e.pdf)

FAO. 2014b. *When the law is not enough*: *Paralegals and natural resources governance in Mozambique*. FAO Legislative Study No. 110. Rome. (available at http://www.fao.org/3/a-i3496e.pdf)

FAO. 2015. *Safeguarding land tenure rights in the context of agricultural investment*: *A technical guide on safeguarding land tenure rights in line with the 'Voluntary Guidelines for the Responsible Governance of Tenure of Land*, *Fisheries and Forests in the Context of National Food Security'*, *for government authorities involved in the promotion*, *approval and monitoring of agricultural investments*. Governance of tenure technical guide No. 4. Rome. (available at http://www.fao.org/3/a-i4998e.pdf)

FAO. 2016b. *Responsible governance of tenure and the law*: *A guide for lawyers and other legalserviceproviders*. Governance of tenure technical guide No. 5. Rome. (available at http://www.fao.org/3/a-i5449e.pdf)

FAO and ITTO. 2005. *Best practices for improving law compliance in the forestry sector*. FAO Forestry Paper No. 145. Rome and Yokohama (Japan): FAO and International Tropical Timber Organization (ITTO). (available at ftp://ftp.fao.org/docrep/fao/008/A0146e/A0146E00.pdf)

Fitzpatrick, D. 2005. 'Best Practice' Options for the Legal Recognition of Customary Tenure. *Development and Change*, 36 (3): 449-75.

Flintan, F. 2012. *Making rangelands secure*: *Past experience and future options*. Rome, International Land Coalition (ILC). (available at http://landportal.info/sites/landportal.info/files/rangelands _ bookcover _ 30.1.121.pdf)

Fuys, A., Mwangi, E.&Dohrn, S. 2008. *Securing Common Property Regimesina Globalizing World*: *Synthesis of 41 Case Studies on Common Property Regimes from Asia*, *Africa*, *Europe and Latin America*. The ILC 'Knowledge for Change' Series. Rome, International Land Coalition (ILC). (available at http://www.landcoalition.org/sites/default/files/ documents/resources/ilc _ securing _ common _ property _ regimes _ e.pdf)

Global Witness, The Oakland Institute, and International Land Coalition. 2012. *Dealing with Disclosure*: *Improving Transparency in Decision-Making over Large-Scale Land Acquisitions*, *Allocations and Investments*. Oakland (USA), The Oakland Institute. (available at: http://www.oaklandinstitute.org/sites/oaklandinstitute.org/files/ Dealing

_ with _ disclosure. pdf)

Hara, M. 2014. *Securing Small-Scale Fishing Rights in South Africa*. Contribution to the Institute for Advanced Sustainability Studies (IASS) Workshop, 'Sharing Practices to Recognize and Support Commons and Collective Tenure Rights'. Addis Ababa, 10 – 11 November 2014. Unpublished.

Hardin, G. 1968. The Tragedy of the Commons. *Science* 162: 1243 – 48. (available at http: //science. sciencemag. org/content/162/3859/1243. full)

Huairou Commission. 2014. *Victory in Land Title Struggle! Community in Recife, Brazil Granted Land Titles After 5 Decades of Grassroots Organizing*. New York (USA), Huairou Commission. (available at https: //huairou. org/victory-land-title-Espaco-Feminista-recife-brazil-land-titles-5-decades-grassroots)

IFAD. 2008. *Improving access to land and tenure security*. Rome, International Fund for Agricultural Development.

IIED. 2002. *Making land rights more secure: international workshop for researchers and policy makers*. Ouagadougou, 19 – 21 March 2002. London, International Institute for Environment and Development. (available at http: //pubs. iied. org/pdfs/9251IIED. pdf)

IISD. 2014. *The IISD Guide to Negotiating Investment Contracts for Farmland and Water*. Winnipeg (Canada), International Institute for Sustainable Development. (available at https: //www. iisd. org/sites/default/files/publications/iisd-guide-negotiating-investment-contracts-farmland-water _ 1. pdf)

ILC. 2015a. *Communal Land Associations claim compensations for investments in their territories*, Karamoja, Uganda. Case study from the ILC database of Good Practices. Rome, International Land Coalition. (available at http: //www. landcoalition. org/en/bestpractice/communal-land-associations-claim-compensations-investments-their-territories)

ILC. 2015b. *Innovative contractual arrangement for community-based management of pastureland improves livelihoods and reduces degradation*. Case study from the ILC database of Good Practices. Rome, International Land Coalition. (available at http: //www. landcoalition. org/en/bestpractice/innovative-contractual-arrangement-community-based-management-pastureland-improves)

ILC. 2015c. *Mobilisation, mapping and legal action help indigenous community oppose mining activities*. Case study from the ILC database of Good Practices. Rome, International Land Coalition. (available at: http: //www. landcoalition. org/en/ bestpractice/mobilisation-mapping-and-legal-action-help-indigenous-community-oppose-mining)

Knight, R. 2015. *"We are looking at gold and calling it rock": Supporting communities to calculate the replacement costs of their communal lands and natural resources*. Article published for the World Bank's *People, Space, Deliberation blog*. (available at: http: // blogs. worldbank. org/publicsphere/we-are-looking-gold-and-calling-it-rock-supporting-communities-calculate-replacement-costs-their)

Knight，R. Unknown. *For Responsible Mapping of Community Land，Create Accountable Land Governance.* Washington，DC，Focus on Land in Africa（a joint initiative of the World Resources Institute and Landesa）.（available at：http：//www. focusonland. com/ for-comment/for-responsible-mapping-of-community-land-create-accountable-land-governance/？keywords＝common＋land）

Knight，R.，Adoko，J.，Auma，T.，Kaba，A.，Salomao，A.，Siakor，S. & Tankar，I. 2012. *Protecting Community Lands and Resources：Evidence from Liberia，Mozambique and Uganda.* Washington，DC，and Rome，Namati and International Development Law Organization（IDLO）.（available at http：//namati. org/wp-content/ uploads/2012/06/ protecting _ community _ lands _ resources _ interexsum _ FW. pdf）

Knight，R.，Adoko，J. & Eilu，T. A. 2013. *Protecting Community Lands and Resources： Evidence from Uganda.* Washington，DC，Kampala and Rome：Namati，Land and Equity Movement of Uganda（LEMU）and International Development Law Organization（IDLO）.（available at https：//namati. org/resources/protecting-community-lands-and-resources-evidence-from-uganda/）

Kurien，J. 2009. *Lights，camera，action*! SAMUDRA Report No. 53. Chennai（India），International Collective in Support of Fishworkers.（available at http：//www. icsf. net/ en/samudra/article/EN/53-3340-Lights,-Camera,. html）

Kurien，J.，Nam，S. & Onn，M. S. 2006. *Cambodia's aquarian reforms：the emerging challenges for policy and research.* Phnom Pen，Inland Fisheries Research and Development Institute of the Department of Fisheries.

Larson，A. M.，Cronkleton，P.，Barry，D. & Pacheco，P. 2008. *Tenure Rights and Beyond：Community Access to Forest Resources in Latin America.* Occasional Paper No. 50. Bogor Barat（Indonesia），Center for International Forestry Research（CIFOR）.（available at http：//www. cifor. org/publications/pdf _ files/OccPapers/OP-50. pdf）

Lavigne Delville，P. 2007. Changes in 'Customary' Land Management Institutions：Evidence from West Africa. *In* L. Cotula，ed. *Changesin 'Customary' Land Tenure Systems in Africa.* pp. 35 – 50. London and Rome：International Institute for Environment and Development（IIED）and FAO.

McKean，M. A. 2000. Common Property：What Is It，What Is It Good For，and What Makes It Work? In C. C. Gibson，M. A. McKean & E. Ostrom，eds. *People and Forests：Communities，Institutions，and Governance.* Cambridge（USA）and London，The MIT Press.

Meinzen-Dick，R.，Mwangi，E. & Dohrn，S. 2006. Securing the Commons. Policy Brief No. 4. CAPRi Research Brief. Washington，DC，Consultative Group on International Agricultural Research（CGIAR）：Systemwide Program on Collective Action and Property Rights（CAPRi），International Food Policy Research Institute（IFPRI）.（available at http：//ebrary. ifpri. org/utils/getdownloaditem/collection/p15738coll2/id/32844/filename/ 32844. pdf/mapsto/pdf）

Merino, L. & Martínez, A. E. 2014. *Rights, Pressures and Conservation in Forest Regions of Mexico: The results of a survey on the conditions of community forests.* Presented at the IV Workshop of Political Theory and Policy Analysis, Indiana University, May 2009. Indiana University / Instituto de Investigaciones Sociales Universidad Nacional Autónomo de México. (available at: http://www. indiana. edu/~wow4/papers/ merino _ martinez _ wow4. pdf)

Mosimane, A. W. , Breen, C. & Nkhata, B. A. 2012. Collective identity and resilience in the management of common pool resources. *International Journal of the Commons*, 6 (2): 344 – 362. (available at: https://www. thecommonsjournal. org/articles/10. 18352/ijc. 298/)

Mutisi, M. 2012. Local conflict resolution in Rwanda: The case of *abunzi* mediators. *In* M. Mutisi & K. Sansculotte-Greenidge, eds. *Integrating Traditional and Modern Conflict Resolution: Experiences from Selected Cases in Eastern and the Horn of Africa.* Africa Dialogue Monograph Series No. 2/2012. Durban (South Africa), African Centre for the Constructive Resolution of Disputes (ACCORD). (available at http://www. accord. org. za/publication/integrating-traditional-and-modern-conflict-resolution/)

Mwangi, E. & Dohrn, S. 2006. *Biting the bullet: how to secure access to drylands resources for multiple users?* CAPRi Working Paper No. 47. Washington, DC, CGIAR Systemwide Program on Collective Action and Property Rights (CAPRi), International Food Policy Research Institute (IFPRI). (available at https://www. mpl. ird. fr/colloque _ foncier/ Communications/PDF/Mwangi. pdf)

Mwangi, E. & Dohrn, S. 2008. Securing access to drylands resources for multiple users in Africa: a review of recent research. *Land Use Policy*, 25 (2): 240 – 48. (available at http:// www. sciencedirect. com/science/article/pii/S0264837707000646)

Natural Justice and NAMATI. 2013. *Building Strategies for Community Land and Natural Resource Protection.* A Report of the Africa Regional Symposium for Community Land and Natural Resource Protection. Western Cape, South Africa, 5 – 7 November 2013. (available at https://namati. org/resources/building-strategies-for-community-land-and-natural-resource-protection/)

Ngaido, T. & McCarthy, M. 2004. Institutional options for managing rangelands. *In* E. Mwangi, ed. *Collective Action and Property Rights for Sustainable Development.* CAPRi Research Brief. Washington, DC, Consultative Group on International Agricultural Research (CGIAR): Systemwide Program on Collective Action and Property Rights (CAPRi), International Food Policy Research Institute (IFPRI). (available at http:// dlc. dlib. indiana. edu/dlc/bitstream/handle/10535/3683/brief _ dryl. pdf)

Niamir-Fuller, M. 2005. Managing mobility in African range lands. *In* E. Mwangi, ed. *Collective Action and Property Rights for Sustainable Rangeland Management.* CAPRi Research Brief. Washington, DC, Consultative Group on International Agricultural Research (CGIAR): Systemwide Program on Collective Action and Property Rights (CAPRi),

International Food Policy Research Institute (IFPRI). (available at http: //landportal. info/ sites/landportal. info/files/collective _ action _ and _ propoerty _ rights-capri. pdf)

Ostrom, E. 1990. *Governing the Commons: The Evolution of Institutions for Collective Action*. New York (USA), Cambridge University Press.

Polack, E., Cotula, L., Blackmore, E. &·Guttal, S. 2014. *Agricultural investments in Southeast Asia: legal tools for public accountability*. Report from a regional lesson-sharing workshop, Bangkok, March 2013. London, International Institute for Environment and Development (IIED). (available at http: //pubs. iied. org/pdfs/12573IIED. pdf)

Pomeroy, R. S., Katon, B. M. &· Harkes, I. 2001. Conditions affecting the success of fisheries co-management: lessons from Asia. *Marine Policy*, 25 (3): 197 – 208. (available at http: //www. sciencedirect. com/science/article/pii/S0308597X01000100)

Pritchard, J., Lesniewska, F., Lomax, T., Ozinga, S. &· Morel, C. 2013. *Securing-community land and resource rights in Africa: A guide to legal reform and best practices*. FERN UK, Fern Brussels, Forest Peoples Programme, ClientEarth and Centre for Environment and Development. (available at http: //www. forestpeoples. org/sites/ fpp/files/ publication/2014/01/securingcommunitylandresourcesguideenglishjan2014. pdf)

Procurador del Común de Castilla y León. 2011. *Los bienes y aprovechamientos comunales en Castilla y León*. León (Spain), Procurador del Común de Castilla y León. (available at https: //www. procuradordelcomun. org/archivos/informesespeciales/1 _ 1324032765. pdf)

Quan, J. 2007. Changes in Intra-Family Land Relations. *In* L. Cotula, ed. *Changes in 'Customary' Land Tenure Systems in Africa*, pp. 51 – 63. London and Rome: International Institute for Environment and Development (IIED) and FAO. (available at http: //pubs. iied. org/pdfs/12537IIED. pdf)

Quizon, A. B. 2013. *Land Governance in Asia: Understanding the debates on land tenure rights and land reforms in the Asian context*. Framing the Debate Series, No. 3. Rome, International Land Coalition (ILC). (available at http: //searice. org. ph/wp-content/ uploads/2013/06/r-en _ web _ framing-the-debate-vol-3. pdf)

Rappocciolo, F. 2012. *Rehabilitating rural Burundi through 'legalclinics'*. Rome, International Fund for Agricultural Development (IFAD). (available at http: //operations. ifad. org/ documents/654016/4a307010-3afa-4635-a577-a91f6a12d9c7)

RECOFTC, 2014. *StoriesofChange2008 – 2013*. Bangkok, RECOFTC – The Center for People and Forests. (available at http: //www. recoftc. org/reports/stories-change-2008-2013-and-annual-report-2012-2013)

Republic of Mozambique. 1997. Land Law No. 19/97 of 1 October. (available at http: // faolex. fao. org/docs/pdf/moz15369E. pdf)

RRI, 2012. *What Rights? A Comparative Analysis of Developing Countries' National Legislation on Community and Indigenous Peoples' Forest Tenure Rights*. Washington, DC, Rights and Resources Initiative. (available at http: //www. rightsandresources. org/

wp-content/exported-pdf/whatrightsnovember13final. pdf)

RRI，2015. *Who Owns the World's Land? A global baseline of formally recognized indigenous and community land rights.* Washington，DC，Rights and Resources Initiative. (available at http：//www. rightsandresources. org/wp-content/uploads/GlobalBaseline _ web. pdf)

RRI & Tebtebba（Indigenous Peoples' International Centre for Policy Research and Education）. 2014. *Recognizing Indigenous and Community Rights：Priority Steps to Advance Development and Mitigate Climate Change.* RRI Issue Brief. Washington，DC，Rights and Resources Initiative. (available at http：//www. rightsandresources. org/wp-content/uploads/Securing-Indigenous-and-Communtiy-Lands _ Final _ Formatted. pdf)

Sandefur，J.，Siddiqi，B. & Varvaloucas，A. 2014. *Law Without Lawyers：Improving Access to Justice in Liberia and Sierra Leone.* Policy Brief 3030. London，International Growth Centre. (http：//www. theigc. org/wp-content/uploads/2015/04/Sandefur-Et-Al-2012-Policy-Brief. pdf)

Shrumm，H. & Jonas，H. eds. 2012. *Biocultural Community Protocols：A Toolkit for Community Facilitators.* Cape Town，Natural Justice. (available at http：//www. community-protocols. org/wp-content/uploads/2015/11/BCP-Toolkit-Complete. pdf)

Ujamaa Community Resource Team. 2010. *Participatory Land Use Planning as a Tool for Community Empowerment in Northern Tanzania.* Gatekeeper Series No. 147. London，International Institute for Environment and Development（IIED）. (available at http：//pubs. iied. org/pdfs/14608IIED. pdf)

UNDP. 2012. *Coopetárcoles*，Costa Rica. Equator Initiative Case Studies. New York（USA），United Nations Development Programme. (available at http：//www. equatorinitiative. org/images/stories/winners/61/casestudy/case _ 1348152233. pdf)

Wilusz，D. 2010. *Quantitative Indicators for Common Property Tenure Security.* Rome and Washington，DC：International Land Coalition（ILC）and Program on Collective Action and Property Rights（CAPRi）. (available at http：//www. landcoalition. org/sites/default/files/documents/resources/web. pdf)

Windfuhr，M. forthcoming. *Implementing the Voluntary Guidelines on Responsible Governance of Land，Forests and Fisheries：What Needs to Be Done? Obligations of States at Home and Abroad，Responsibilities of Private Actors.* Draft study/paper for Action Aid.

下列研讨会上提出的宝贵意见和讨论也为本技术指南做出了贡献：

IASS. 2014a. *Using the Voluntary Guidelines to Secure the Commons.* Report of the IASS/DIMR Workshop，Berlin，2 July 2014. Potsdam（Germany），Institute for Advanced Sustainability Studies.

IASS. 2014b. *Strategic Guidance to Strengthen the Commons.* Report of the IASS Workshop，Potsdam，29 - 30 July 2014. Potsdam（Germany），Institute for Advanced Sustainability

Studies.

IASS. 2014c. *Sharing Practices to Recognize and Support Commons and Collective Tenure Rights*. Report of the IASS Workshop, Addis Ababa, 10 - 11 November 2014. Potsdam (Germany), Institute for Advanced Sustainability Studies.

IASS. 2014d. *A commons conversation*. Film, available at https://vimeo.com/10911 4444. Potsdam (Germany), Institute for Advanced Sustainability Studies.

支持公地权属权利的国际法律文书：

- 《非洲人权和民族权宪章》
- 《美洲人权公约》
- 《生物多样性公约》及《阿格维古自愿准则》
- 《消除对妇女一切形式歧视公约》（CEDAW）
- 《儿童权利公约》（CRC）
- 《联合国粮食及农业组织农业和粮食系统负责任投资原则》
- 《联合国粮食及农业组织粮食安全和消除贫困背景下保障可持续小规模渔业自愿准则》
- 《支持在国家粮食安全范围内逐步实现充足食物权自愿准则》
- 《非洲土地政策框架和准则》
- 《公民权利和政治权利国际公约》（ICCPR）
- 《经济、社会及文化权利国际公约》（ICESCR）
- 《国际劳工组织关于独立国家土著和部落居民的公约》（第169号），1989年
- 《联合国反腐败公约》（UNCAC）
- 《联合国土著居民权利宣言》（UNDRIP）
- 《消除一切形式种族歧视国际公约》（ICERD）
- 《世界人权宣言》

权属治理技术指南：

FAO. 2013. *Governing land for women and men: a technical guide to support the achievement of responsible gender-equitable governance of land tenure.* Governance of tenure technical guide No. 1. Rome.

FAO. 2013. *Improving governance of forest tenure: a practical guide.* Governance of tenure technical guide No. 2. Rome.

FAO. 2014. *Respecting free, prior and informed consent: practical guidance for governments, companies, NGOs, indigenous peoples and local communities in relation to land acquisition.* Governance of tenure technical guide No. 3. Rome.

FAO. 2015. *Safeguarding land tenure rights in the context of agricultural investment: a technical guide on safeguarding land tenure rights in line with the Voluntary Guidelines for the Responsible Governance of Tenure of Land, Fisheries and Forests in the Context of National Food Security, for government authorities involved in the promotion, approval and monitoring of agricultural investments.* Governance of tenure technical guide No. 4. Rome.

FAO. 2016. *Responsible governance of tenure and the law: a guide for lawyers and other legal service providers.* Governance of tenure technical guide No. 5. Rome.

FAO. 2016. *Improving governance of pastoral lands: implementing the Voluntary Guidelines on the Responsible Governance of Tenure of Land, Fisheries and Forests in the Context of National Food Security.* Governance of tenure technical guide No. 6. Rome.

FAO. 2016. *Responsible governance of tenure: a technical guide for investors.* Governance of tenure technical guide No. 7. Rome.

图书在版编目（CIP）数据

公地权属权利治理：支持《国家粮食安全范围内土
地、渔业及森林权属负责任治理自愿准则》实施的指南 /
联合国粮食及农业组织编著；徐猛译. —北京：中国
农业出版社，2018.7
ISBN 978-7-109-23719-3

Ⅰ.①公⋯　Ⅱ.①联⋯ ②徐⋯　Ⅲ.①公用地－土地
所有权－土地制度－研究－中国　Ⅳ.①F321.1

中国版本图书馆 CIP 数据核字（2017）第 318592 号

著作权合同登记号：图字 01-2018-0299 号

中国农业出版社出版
（北京市朝阳区麦子店街 18 号楼）
（邮政编码 100125）
责任编辑　郑　君
文字编辑　刘昊阳

北京中兴印刷有限公司印刷　　新华书店北京发行所发行
2018 年 7 月第 1 版　　2018 年 7 月北京第 1 次印刷

开本：700mm×1000mm　1/16　印张：5.5
字数：86 千字
定价：36.00 元
（凡本版图书出现印刷、装订错误，请向出版社发行部调换）